本书由中国教育科学研究院基本科研业务费专项资金个人项目"智能时代教师启智润心、因材施教育人智慧的路径研究"（课题编号：GYJ2024051）资助出版

SHUXUE CHAYI JIAOXUE CELUE

数学差异教学策略

燕学敏 著

U0311749

知识产权出版社
全国百佳图书出版单位
——北京——

图书在版编目（CIP）数据

数学差异教学策略 / 燕学敏著 . —北京：知识产权出版社，2024.8. —ISBN 978-7-5130-8566-3

Ⅰ . O1-4

中国国家版本馆 CIP 数据核字第 20242C72F7 号

内容提要

本书聚焦数学学科特性，结合学生学习规律与差异，系统阐述差异教学策略。书中针对数学学困生与学优生，结合新课、复习、习题等课型，论述了具体教学模式，对项目式学习、弹性作业、评价体系均有所论述，案例生动，源自实践。本书不仅是差异教学理论在数学学科领域的一次深化与拓展，更是对数学教育中关注学生个体差异、促进每位学生全面发展的具体方法与策略的深入剖析。

本书可供各级中小学数学教师阅读使用，以期为其提供可操作的教学指导。

责任编辑： 曹婧文　　　　　　　　**责任印制：** 孙婷婷

数学差异教学策略

燕学敏　著

出版发行： 知识产权出版社 有限责任公司	**网　　址：** http：//www.ipph.cn
电　　话： 010-82004826	http：//www.laichushu.com
社　　址： 北京市海淀区气象路 50 号院	**邮　　编：** 100081
责编电话： 010-82000860 转 8763	**责编邮箱：** laichushu@cnipr.com
发行电话： 010-82000860 转 8101	**发行传真：** 010-82000893
印　　刷： 北京中献拓方科技发展有限公司	**经　　销：** 新华书店、各大网上书店及相关书店
开　　本： 720mm×1000mm　1/16	**印　　张：** 18.25
版　　次： 2024 年 8 月第 1 版	**印　　次：** 2024 年 8 月第 1 次印刷
字　　数： 265 千字	**定　　价：** 78.00 元

ISBN 978-7-5130-8566-3

序

燕学敏副研究员是数学专业的博士。她博士毕业后便进入中央教育科学研究所（现中国教育科学研究院）博士后工作站工作。她在工作站期间，除了研究数学的思想方法，还跟随我从事我们自主提出的差异教学的研究，至今已近20年。这期间她参与了差异教学策略、差异教学课堂模式、差异教学评价等方面的研究，为差异教学的完善与发展作出重要贡献。随着网络时代、人工智能时代、数字化时代的到来，她又开始研究在这个新时代背景下差异教学的实践。

中共中央、国务院《关于深化义务教育改革 提高义务教育质量》的文件中提出"精准分析学情，重视差异化教学和个别化指导"。经过几十年的研究与实践，差异教学已逐步形成比较完备的策略体系、理论体系。实践层面也已深入到各科教学中。但差异教学策略运用于不同的学科和课型，会有不完全相同的选择、理解与运用。数学是一门核心课程，在提高学生核心素养方面有不可替代的作用，但是在数学学科上学生学习的差异尤为明显，学习水平差距也更显突出。许多学校开展差异教学往往先从数学学科开始，所以对数学学科差异教学的研究更为需要。燕学敏博士利用她的学科优势，领衔进行数学差异教学的研究，我也非常希望她的"数学学科差异教学"能为其他学科提供范型。多年来，她深入教育改革实验区的学校，走进教学课堂，与教师对话交流，坚持理论联系实际的研究。她也遵循数学课程改革的精神与要求开展差异教学的研究，终于在多年研究的基础上不负众望，完成《数学差异教学策略》一书。

《数学差异教学策略》一书，明确了数学差异教学的概念内涵，以及建构数学差异教学的理论基础，重点讲解了数学学习差异的类型、数学差异教学的课堂特征、数学差异教学策略体系、数学适性课程的建设、课堂模式，以及差异教学评价等方面的内容，既体现了完整的差异教学策略体系，又体现了数学学科特色。该书还附有生动、典型的案例，给大家以参考和启发。我乐意将此书推荐给大家，特别是推荐给数学教师。我相信该书的出版一定会促进中小学生学好数学，大面积提高数学教学质量。

中国教育科学研究院　华国栋

2024 年 7 月

前　言

在当今社会，教育的重要性日益凸显，它既是国家发展的重要基石，也是个人实现自我价值的关键途径。差异，作为世间万物的天然特征，在教学领域同样有着显著的影响。当我们深入探讨教育理念与实践时，一个不容忽视的事实浮现出来：每一个学生都是独一无二的个体，拥有各自的学习风格、兴趣点和天赋。这种差异性不仅反映了学生的多样性，也给教育者带来了前所未有的挑战与机遇。"有教无类"和"因材施教"是中华优秀教育文化的集中反映，世界教育史包括现代教育史，就是追求有教无类和因材施教的历史，二者完美体现了人类社会对于教育公平与教育质量的理想追求。"面向全体学生，因材施教"作为基本原则也被写进2022年的课程改革方案中。

差异教学是因材施教的当今解读。我国从20世纪90年代开始，陆续建构了差异教学理论体系和策略体系，并在实践中掀起了研究差异教学的热潮。在这样大规模的研究队伍中，有些学校脱颖而出，迅速成长为新优质学校，但是也有些学校被淘汰出局，沦为平庸。究其原因，归结为三个方面：以功利为导向的学校认为，国家级教育课题之名能给学校带来荣誉，能为教师晋升和职称评审增加必胜砝码，因需其名，故弃之其核，学习和实践必然肤浅，浅之则浮，随风逐流，效果自然一般；为学校崛起而努力改革的学校，则将差异教学视为学校发展的法宝，努力按照差异教学的改革步伐坚实地走下去，获得巨大的成就，学校由此步入快速发展之道，跻身于名校之列；以满足学生需求为导向的教学改革，则触及教育教学的本质，学校为什么要改革，为谁而改革，其目的自然归结为教育中的"人"——为了每个学生更好的发展，为更好地满足每个学生的需要而改革，这样的改革静水流深，润物无声，教师和学生在这场静悄悄的教育改革中都获得不同程度的发展。

在教育实践中，研究者和实践者都感觉到每个学科有其学科属性和特点，同一差异教学策略在每个学科会有不同的变式，"一刀切"的策略体系不能完美地解决所有学科的个别化问题。数学，作为教育体系中的核心学科，承载着培养学生逻辑思维、问题解决能力和创新精神的重要使命。然而，由于学生个体差异的存在，学生在数学学习上差异较为明显，一般的差异教学策略尽管也适用于数学课堂教学，但是深入研究和实践就会发现，数学教学在照顾学生学科差异方面有其独特性和情境性。因此，有必要研究和开发数学学科方面的差异教学策略，一来可以丰富差异教学理论，二来可以更好地助力于一线数学教师的有效教学。

正是在这样的背景下，"数学差异教学"应运而生，数学差异教学不仅关注学生对数学知识的掌握，更注重培养学生的自主学习、合作学习和创新学习能力。通过实施差异教学，我们努力让每一个学生都能在数学学习中找到自己的路径，发挥自己的潜能。然而，数学差异教学的实施并非易事。教师需要充分了解学生的学习风格、兴趣和需求，设计多样化的教学策略和活动。同时，教师还需要掌握一定的差异化教学技巧和方法，以便根据学生的实际情况进行灵活调整。在这个过程中，教师不仅扮演着知识传授者的角色，更是学生成长的引导者和伙伴。

为了进一步推动数学差异教学的发展，本书通过对数学差异教学的内涵、现状以及数学差异策略的探讨，旨在回答"是什么"和"为什么"以及"怎么做"的问题，不仅回应了新的课程改革方案中的"学科核心素养"培养要求，而且将课程的结构化、课程的组织形式及照顾数学学习差异落到了实处。突出课程内容结构化的策略与方法、不同层次学生的教育安置以及不同数学课型的差异教学策略，注重数学评价的差异化。另外，随着科技的飞速发展，人工智能等新兴技术为数学差异教学带来了新的机遇和挑战。人工智能可以通过智能分析学生的学习数据，为教师提供更准确的学情分析，帮助他们更好地理解学生的学习状况和需求。同时，借助人工智能技术，学生也可以获得更个性化的学习支持和辅导。

数学差异教学是对古代因材施教和现代差异教学的继承，但又在数学学科方面有了新的发展。本书既是对差异教学理论上的深入研究，也是对十几年来实践探索的总结和深化。在与教师一路同行在数学教育改革之路的过程中，得到了华国栋先生的指导，以及各地区教育部门领导，各学校校长、教师们的大力支持。在本书出版之际，让我们用最美好的祝福奉献给所有关心、支持和参加数学差异教学研究与实践的人们。

目　录

第一章　数学差异教学的实施背景

人工智能的快速发展、社会民主化的持续推进、知识经济的来临和多元文化的共融，促使人类即将迎来第三次教育大变革，即大规模差异教育的到来，因材施教、因需导学成为可能。实现"人人皆可成才、人人尽展其才"，这既是一种教育理想，也是教师教书育人的应有之义。2012 年经济合作与发展组织（OECD）调查结果显示，参评学生每四人中至少有一人在语言、数学及科学三个核心科目中的一门未达到基本标准，在一些国家中这个比例甚至达到了每两名学生中即出现一名，从绝对数值上看，这意味着 2012 年参加 OECD 调查统计的 64 个国家和地区中大约有 1300 万名 15 岁学生至少一门科目表现较弱[1]。数学学科在培养拔尖创新人才方面担负着重要角色，如何提高数学学习弱势学生的学习愿望，发现和发展数学学优生的数学优势，成为当前数学教育领域的重要议题。

数学是中小学生的必修课，但每位学生的学习路径和效果不尽相同，这种差异不仅存在于个体之间，也体现在个体内。学生数学学习的差异不仅与数学的学科本质有关，还受学生自身智能、学习环境、学习习惯及教师教学等多种因素的影响。在数学学习中，学生既有一般性的共同特征，又在数学基础、数

---

[1] OECD. Low-Performing Students: Why They Fall Behind and How to Help Them Succeed，PISA [R]. Paris: OECD Publishing，2016: 3.

学思维、数学能力及数学情感态度价值观上存在着一定程度的差异。❶因此，我们需要深入探讨学生数学差异的原因，并寻求有效的解决策略，以帮助每一位学生充分发挥他们的数学潜力，满足不同学生的发展需求。

第一节　数学差异教学的概念界定

一、差异与数学差异

差异，即个体差异，《汉语大词典》中对"差异"的解释是指形式或内容上的不同。世间万物间存在着差异，人与人之间也存在着差异。但是，同类事物又有着相同的特点，就像世界上所有的马都有一个共同的名字"马"，这个"马"映射在人的头脑中是一个抽象的概念体，可是世界上找不到两匹相同的"马"。我们人类也是一样，人与人之间既有共性又有个性，学生也不例外。个体差异性实际上就是个体在社会生活中表现出来的不同的个性品质，它表明每一个个体都是具有独自内心精神世界的鲜活、生动、特殊和具体的生命个体，是不可重复的、不可再造的价值主体。❷因此，差异"亦称个性差异或人格差异，指不同个体之间在身心特征上相对稳定的不相似性。主要表现在：其一，生理方面，如视力、听力、身高、体重、容貌等；其二，心理方面，如智力、认知方式、态度、动机、兴趣等"。❸每个人的身体特征都是独一无二的，有的人天生视力超群，能在人群中一眼识别出微小的细节；有的人听力敏锐，能够捕捉到环境中微弱的声音变化。身高、体重、容貌等也是个体间显著的差异。这些生理差异不仅影响了个体的外在形象，还在一定程度上决定了个

---

❶ 白颖颖. 加拿大小学教师在数学教学中照顾学生差异的观念与样态 [D]. 长春：东北师范大学，2019.

❷ 程向阳. 论学生差异资源的教育学价值 [J]. 当代教育科学，2005（15）：14-17.

❸ 罗竹风. 汉语大词典 [M]. 上海：汉语大词典出版社，1989：145

体的生活方式和习惯。而在心理层面，差异的表现更为丰富多样。智力水平的高低，决定了个体在学习、工作和生活中的表现和能力。认知方式的差异，让每个人在面对问题时有着不同的思考方式和解决方案。态度、动机和兴趣的差异，则让每个人的行为选择和生活追求截然不同。这种差异正是人类社会的魅力所在。它让我们在相互理解、尊重和包容的过程中，学会欣赏他人的独特之处，同时也更好地认识和理解自己。

在我国学者华国栋所著《差异教学论》一书中对"差异"则是这样理解的："学生存在个性差异，这个差异包括个体间的差异和个体内的差异，反映在学生的性格、兴趣、能力和认知风格等方面"。[1] 个体差异体现在数学学习上则会更加突出，据以往研究发现，同龄学生之间在关键知识和技巧中存在的能力差异往往要比在其他学科中更加明显，在数学教育界有"七年差距"的说法，即一个普通的 11 岁儿童应该达到的数学水平，有的儿童 7 岁就已能达到，而有的儿童要到 14 岁才能达到。[2] 所以在同一个班级内，学生在数学上的差异非常明显，主要表现在以下两个方面：

（1）先天因素造成的学生数学学习差异。学生的数学差异一方面是一般差异造成的，比如男女性别在数学学习上的差异对数学学习的影响等。学生阅读能力也会造成数学学习上的差异。脑科学的研究表明，学生在阅读上存在障碍，那么学生的数学成绩也会受到影响。PISA、TIMSS 等国际性学生学习成就的调查都有男女生数学学习结果的差异分析。另一方面是学习品质造成的，学习品质造成学生在数学知识、技能、思维以及能力等方面存在差异。苏联著名心理学家克鲁捷茨基（Krutetskii）开展了一项关于数学能力的经典研究，通过长达 12 年的质性研究发现，学生在数学能力上表现为三种类型：分析型、几

---

[1] 华国栋. 差异教学论 [M]. 北京：教育科学出版社，2010：2.

[2] 德里克·海洛克，菲奥娜·桑格塔. 数学教学 ABC：基本概念与核心理念 [M]. 北京：教育科学出版社，2015：64.

何型和调和型。分析型的典型特征是倾向于用抽象模式进行运算，在问题解决中，这种类型的学生不需要形象化的东西或者模型的支持，他们习惯于使用更难和更复杂的逻辑分析的解答方法，他们的语言逻辑成分占有明显优势；几何型偏向于用视觉的图式、表象和具体的概念等形象地解释抽象的数量关系，而且表现出巨大的独创性；调和型更倾向于综合运用分析方法和几何形象方法来解决数学问题。范希尔夫妇（Pierre Van Hiele & Dina Van Hiele）的几何思维水平体系是最有影响的理论之一。范·希尔将学生的几何思维分为视觉、分析、非形式化的演绎、形式的演绎、严密性五个水平，中间三个水平是主要关注点。这五个水平受到学术界的高度认可，尽管后来范·希尔将其改为三个水平，学术研究者们认为五个水平更能够细致、准确地描述学生的几何思维水平。

（2）后天因素造成的学生数学学习差异。布卢姆（Bloom）的研究认为认知前提行为、情感前提特性、教学质量是影响学生学习成绩的主要变量。其中认知前提行为对数学学习有显著影响在学术界已早有定论。情感前提特性对学生数学的影响也非常明显，布卢姆认为，学生参与学习的动机强度与学习成绩的相关在 0.25 以上，即学习成绩的差异 25% 是由情感前提特性决定的。联系前面有关先前学习成绩对后来成绩影响的实验研究，布卢姆认为，认知前提行为决定了学习成绩差异的 50%，认知前提行为与情感前提特性合计起来可以说明 65% 学生成绩的差异。另外教学质量对学生学习成绩的影响也在 25% 以上❶，布卢姆指出："在学生前提行为和教学质量有利时，所有的学习结果将达到高的或积极的水平，结果间的差异微不足道。如果学生前提行为存在很大差异，教学质量不能适应每个学生，那么学习结果之间存在很大差异。"可见，并不是在任何情况下都会产生学习结果的巨大差异，只有在不适宜的教学条件下才会如此。

---

❶ 华国栋. 差异教学论 [M]. 北京：教育科学出版社，2010：2.

二、数学差异教学

数学差异教学的定义源于差异教学概念，目前，关于差异教学有华国栋教授、美国学者赫克斯（Heacox）、汤姆林森（Tomlinson）以及苏格兰教育厅等方面的定义，列举如下："差异教学是指在班集体教学中立足于学生的个性差异，满足学生个别学习的需要，以促进每个学生在原有基础上得到充分发展的教学。"❶赫克斯认为差异教学是指教师改变教学的进度、水平或类型以适应学习者的需要、学习风格或兴趣。美国另一位学者汤姆林森认为："在差异教学课堂中，教师会根据学生的准备水平、学习兴趣和学习需要来主动设计和实施多种形式的教学内容、教学过程与教学成果。"❷苏格兰教育厅的定义为：差异教学是指教师对班内不同学生的不同能力有充分认识，并依此提供不同的教学，从而使班内的学生无须统一步骤、以同样的方式同时学习同样的知识。差异教学的目的在于，教师不仅能够区分优秀学生和学困生的不同需要，而且还能满足他们的不同需要。❸

在这四种定义中，比较符合我国的数学教学现状的是华国栋先生关于差异教学的定义，其原因主要是建立在班集体教学基础上的差异教学要比西方的建立在个性化教学基础上的差异教学定义更适合我国的实际情况。

英国小学实施《国家基本数学素养战略》之前，教师会根据每个学生的情况制订一个有针对性的计划，从而让他们按自己的步骤学习，这一做法获得了一些老师的支持，并认为自己满足了课堂上学生们的个人需求以及学生整体的多元需求。然而实际上，这一方法并不有效，屡次受到有关政府督导和数学教育者的批评。海洛克就指出了这个方法的弊端：过分依赖书面教材的

❶ 华国栋.差异教学论[M].北京：教育科学出版社，2010：2.

❷ 汤姆林森.多元能力课堂中的差异教学[M].北京：中国轻工业出版社，2003：5.

❸ 德里克·海洛克，菲奥娜·桑格塔.数学教学ABC：基本概念与核心理念[M].北京：教育科学出版社，2015：64.

指导，老师没有时间解释重要数学概念和技巧，学生把时间都浪费在排队问老师问题上，由于在组织所需资源上有难度以致省略掉了一些学生实践性活动和任务，以及同学之间缺乏学习交流，等等。基于这种情况，英国开始实施《国家基本数学素养战略》，重新倡导集体教学，并对此给予前所未有的重视。美国为了克服个性化的数学教学的不足，将共同核心的数学标准作为开展集体教学的前提，也推行《国家21世纪课堂教学共同核心数学标准》，以改变原来每个州的数学标准都不一样，对学生数学要求也不一样的局面。所以赫克斯与汤姆林森都非常强调差异教学必须是基于集体教学基础上的个性化教学。

鉴于此，数学差异教学可以定义为"在班集体教学中，立足学生数学学科差异，运用差异教学策略满足学生的数学学习需要，促进每个学生在数学方面最大限度发展的教学"。

第二节　数学教学的现状及面临的挑战

随着生活水平的不断提高和民众对基础教育的高度重视，中小学生从进入学校的第一天开始，就存在显著的差异。有人做了一个很好的比喻，就学生的学习能力与学习速度而言，有些人是"山鹰"，有些人是"猎豹"，而有些人是"蜗牛"。[1]强迫"山鹰"按"蜗牛"爬行的速度飞行，或者强迫"蜗牛"按"猎豹"奔跑的速度爬行，都是极其荒唐的。理论上是荒唐的，现实却是真切的，这个并不深奥的教育道理，并没有转化为生动的教育实践。反观我国初中数学教学以及小学数学教学，"同教材、同进度、同要求、不同学生"是常态，这种状况引起数学教育中的"烧中段"现象，教师基本上按照班级中中等

---

[1] 夏正江．一个模子不适合所有的学生 [M]．上海：华东师范大学出版社，2010：19．

水平学生的认知基础进行教学设计，班中部分优秀学生和小部分学习基础较弱学生陪同大部分中等学生学习，必然导致优秀学生"吃不饱"，少数基础较弱学生"吃不了"，数学教学"聚中"趋势严重。

这样的教学方式使得学生循规蹈矩却没有了个性和创造性，饱学经典却失去了实践能力。为此，国家采取多种措施提升班级教学的质量，并明确提出要创新人才培养模式，注重因材施教，关注学生的不同特点和个性差异，发掘每一个学生的优势潜能，推进分层教学、走班制、学分制、导师制等教学管理制度改革。❶由此我国教育界开始了"分层教学"与"走班制"的嫁接，在 20 世纪 80 年代"分层教学"的基础上开创了新的分支"分层走班制"或者"选课走班制"教学模式，并逐渐成为教育研究领域的新热点。

但是，无论学生"分"了还是"走"了，如果课堂教学还仍旧停留在讲得"多与少"或"难与易"的灌输式教学层面，没有着力于不同层次学生关键能力发展的教学，发挥学生学习的主体性依旧是一句空话。要解决这个问题，必须实施分层走班后的课堂教学改革，从学情的测查、教学目标的确定、教学内容的调整到不同教学方式的实施，都以尊重学生的差异为教学的动力基础和可能性条件，精准分析学情，重视差异教学和个别化指导。促进学生最大限度发展的差异教学模式深度改革势在必行。

"分层走班"与"选课走班"在我国传统教学中仅是小众，大部分的班级授课仍是最基本的"行政班"教学组织形式，这就决定了班级中必然存在差异。有差异的存在，就有实施差异教学的必要性，如何在同一班级体内满足学生不同学习需要是未来数学课堂教学的重要挑战。

❶ 中华人民共和国教育部. 国家中长期教育改革和发展规划纲要（2010—2020 年）[EB/OL].（2010-07-29）[2024-01-13]. https://www.gov.cn/jrzg/2010-07/29/content_1667143.htm.

第三节　人工智能背景下的数学差异教学

　　人工智能时代，学生学习方式的变革促进教学提供个性化指导，智能技术的不断革新与应用正带来学习方式、学习空间的重构与融合，学习者在智能技术创设的虚实结合的环境中，与现实环境、虚拟环境中的对象发生各种联系，以形成视觉、听觉、触觉等多模态的交互反馈路径。技术已经使教学由单一样态走向线上线下的混合样态，由封闭性走向开放性，由统一设置的群体性课程走向个体式课程，由孤立的、碎片化的课程走向结构化、网络状的课程。传统的由专家建设的课程走向多元主体共建课程，智能技术赋能课程系统韧性，无边界、多通道、分布式课程成为常态。❶

　　人工智能时代，人机协同的课堂教学重点在于基于学情分析的精准教学，其环节基本涵盖智能测评诊断技术、大数据学情分析技术、学生数字画像技术、大数据精准教学技术、课堂实录分析技术、个性化学习推荐技术、基于大数据的学生发展评价和学业生涯规划技术等，课堂教学正从"以教定学"向"以学定教"转变。❷目前，部分中小学已经将人工智能时代的基于数据的教学作为数学课堂教学变革的引擎点，实践层面注重对学情诊断的深入分析，对教学过程的适时监测，以及对作业的实时跟踪和及时反馈。

　　例如，上海市宝山区将某一学科课标中所有知识点和核心素养解构形成知识图谱，支持计算机的推理和计算，匹配开发了上万个微课、动画、试题等资

---

❶ 田小红，季益龙，周跃良.教师能力结构再造：教育数字化转型的关键支撑 [J].华东师范大学学报（教育科学版），2023（3）：91-100.

❷ 杨现民，张瑶.教育规模化与个性化矛盾何以破解？——数据驱动规模化 因材施教的逻辑框架与实践路径 [J].中国远程教育，2022（8）：42-52，79.

源积件并科学标注，基于知识路径矩阵模型、学习者画像和教学策略模型，构建了学科教学智适应学习系统。[1] 基于知识图谱的个性化学习模型分为知识图谱层、智适应学习层和系统应用层，体现了知识图谱作为学习支持工具与学习者的个性化学习过程的深度融合，在记录与追踪学习者的基本信息、认知水平、能力水平、情感态度等个性特征基础上，将其与知识图谱中的实体属性进行关联。[2] 学习者在知识图谱的支持下，在目标设定、路径选择、资源选择、自主学习、监控评价、反馈调节等学习环节中发挥个人感知、决策判断与修正等主体作用，积极主导并完成学习活动。在此过程中，学习者会结合个人的时间、学习需求等学习规划进行目标设定，也会结合个人知识状态进行路径选择，还会结合个人偏好进行资源选择，并在个人学习状态感知基础上进行监控评价，从而满足自身个性发展需求。[3]

人工智能技术上的成熟为教师实施差异教学提供了学情分析、教学监测和作业评价与反馈的技术条件。美国一直是大数据教育教学创新应用的引领者。美国某教育基金会提出"数据驱动教学"模式，旨在通过深度分析学生的相关数据，教师可以更加科学、准确地把握学生的学习状态，开展针对性教学。美国的 Literacy How 公司提出了"数据驱动的差异化教学"模式，该模式通过建立基于数据的多维度评价模型，能够甄别学生的学习者特征并监测其实时学习状况，进而开展个性化的学习指导。新加坡国立教育学院指导教师运用 symphoNIE 应用程序创建了碎片化学习，能让学生在生活中无缝且毫不费力地进行复习。日本的一家公司提出了数据驱动的自适应学习模式，通过数据推送

---

[1] 张治，闫白洋，贾林芝，等. 普通高中生物学知识图谱驱动的学科教学智能化改造 [J]. 全球教育展望，2023（8）：100-114.

[2] 李海伟，王龚，陆美晨. 教育数字化转型的路径探索与上海实践 [J]. 华东师范大学学报（教育科学版），2023（3）：110-120.

[3] 刘凤娟，赵蔚，姜强，等. 基于知识图谱的个性化学习模型与支持机制研究 [J]. 中国电化教育，2022（5）：75-81.

和人机互动，协助教师作出评价，并据此来调整教学内容。[1]国内越来越多的地区和教育机构开始积极探索智慧教育。北京市东城区"数据大脑"和七项示范工程、上海市闵行区"闵智作业"、深圳市"云端学校"、武汉市"教育大数据建设体系"等示范区创建项目取得较好的成果。

人工智能的发展有利于在数学教育中实现"因材施教"，促进学生个性化体验与自主发展，为解决数学教学中"吃不饱"和"吃不了"问题带来无限可能。在人工智能时代，学生对某些数学知识的学习，既可以由教师带领学生在课堂上共同学习，又可以经由教师共享数学资源后让学生课后进行自主学习，还可以将其作为扩展内容让学生进行自我扩充。教师可通过远程监控的方式及时了解学生的学习情况，对学生在自主学习过程中遇到的问题给予反馈，也可以在课堂教学中针对一些代表性的问题进行剖析、讲解。针对"吃不了"现象，教师可以根据学生的数学水平开发不同层次的微课，提供有针对性的个别指导。微课的优势相当突出，可下载和反复回放的功能解决了一部分基础较为薄弱学生的困扰。比如在教学"三角形的勾股定理"时，由于学生不能很好地掌握"三角形勾股定理"的基本内容，教师就可以针对学生的难点和疑惑点，录制与课文同步知识点的视频或者课件，让学生自学。在播放的过程中，教师辅助解答，以这样的方式解决学生学习的难点。针对"吃不饱"的现象，教师可以录制拓展视频课程，鼓励数学学习优秀的学生进行学习，并根据视频内容和练习，进行课后习题巩固和拓深。

人工智能的发展也为课堂教学中随时照顾学生的数学差异提供了基础。现阶段，越来越多的学校正在将平板电脑运用到数学课堂教学之中，教师将学习资源实时共享给每位学生，学生根据老师的要求动手操作或及时搜索相关材料，教师可以对学生进行实时监控和分析，根据学生的反馈情况因材施教。这

---

[1] 杨现民，骆娇娇，等.数据驱动教学：大数据时代教学范式的新走向[J].电化教育研究，2017（12）：13-20，26.

种教学模式不仅可以对学生进行分层教学与个性化指导，还可以随时将学生的作品、学生出现的问题等呈现在显示屏上，引导学生积极思考与探究，形成互学、互评、互赏的高效教学模式。

课堂教学已经彻底从以"教"为中心转变为以"学"为中心，以学定教在人机协同模式中得到无限放大，教的方法要根据学的方法改变而变革。

第二章 数学差异教学的理论基础

差异教学理论的形成与发展，有着深厚且多元的思想渊源。中国优秀传统文化无疑是其重要的思想根源，为其萌芽和发展提供了肥沃的土壤。与此同时，在差异教学理论的发展进程中，西方教育理论中对个体自主性、个性化发展的重视，以及在教育方法、评价方式等方面的创新成果，为差异教学理论注入了新的活力。这种跨文化的借鉴与融合并非简单的移植，而是经过了深入的思考与筛选，是在结合我国教育实际情况的基础上进行有选择性的吸收。正是通过这种兼收并蓄，差异教学理论得以不断丰富和完善，从而更好地适应时代的需求，为教育实践提供更具科学性和有效性的指导。

第一节 差异教学理论的中华文化基因

中国悠久的文化历史，孕育了丰富的哲学思想、独特的教育理念以及根深蒂固的社会价值观。这些中国特有的文化元素，共同为差异教学理论的构建与发展铺设了深厚的文化根基与思想源泉。其中，中国"因材施教""中庸之道""和而不同"等思想精髓，为差异教学理论提供了核心理念支撑；根植于中国社会深层的价值观，如尊重个体、追求和谐共进的社会理念，也深刻地影响了差异教学理论的价值取向与发展路径。

一、"因材施教"理念是差异教学理论的重要源头

"因材施教"是我国古代的一条重要的教育教学原则。它是由孔子在兴办私学、教授诸生的实践中创立的。孔子通过"言""听""观""察""省"，对学生进行了准确全面的了解和科学合理的区分。从智力上的"上智""中人""下愚"，到性格上的"柴也愚、参也鲁、师也辟、由也喭"❶"由也果""赐也达""求也艺"等❷，既有施教时对智力各异者做好区分，又有对诸生性格特点的基本认知。基于此，对冉有、子路提出的相同问题"闻斯行诸"，即听到一个道理是不是要马上去实行呢？孔子给予不同的答复，并阐述理由："求也退，故进之；由也兼人，故退之。"意思是冉有遇事容易畏缩，因此鼓励他马上实行，子路争强好胜，就设法以"退之"，让他先请示父兄再说。另外，孔子依学生才情造就，培育出一批具有特长的名士。《论语·述而》记载："德行：颜渊、闵子骞、冉伯牛、仲弓。言语：宰我、子贡。政事：冉有、季路。文学：子游、子夏。"众弟子有的长于"德行"，有的长于"言语"，有的长于"政事"，有的长于"文学"。孔子"因材施教"的关键在于通过对学生准确、全面的了解，各依其长、兼据其短，帮助学生充分发挥所长，克服所短，抑或扬长避短，取得应有的进步。

孔子的这一思想被我国历代的教育家继承，并不断地发展完善。孔子之后，孟子继承孔子"因材施教"的思想，主张"教亦复述"。他从性善论出发，认为人生来虽具有同样的善性，但由于环境和个人修养的不同，从而造成了才能上的个别差异。因此，他先把教育对象给予分类，然后针对不同类型的学生采取不同的教法。《孟子·尽心上》记载："君子之所以教者五：有如时雨化之者，有成德者，有达才者，有答财者，有私淑艾者。"也就是说，对才能

---

❶ 陈戍国.四书五经·论语·先进[M].长沙：岳麓书社，2002：38.

❷ 陈戍国.四书五经·论语·雍也[M].长沙：岳麓书社，2002：26.

最高类型的学生只需及时点化；对长于德行类型的学生加以熏陶使他成为德行完全的人；对长于才能类型的学生加以正确指导，使他成为通达人才；对于一般类型的学生可以用答其所问的方法解其疑惑，使其成为有用的人；还有那些不能及门受业类型的学生，可以通过私取他人、自学成才的方法，达到受教育的目的。孟子的这种"因材施教"超出了孔子"因材施教"模式的范围，他把不同特点的施教个体，扩大到不同类型的施教群体，无形中扩大了被教育者的数量，提高了教育的社会效益。这是对孔子"因材施教"思想的发展。❶ 墨子主张，对于能力不同的学生，要"深其深，浅其浅，益其益，尊其尊"❷，意思是施教的时候，要考虑到学生的实际水平，用深一点的知识去教育程度较深的人，用浅点的知识去教育程度较浅的人，用使其增长的办法对待人的长处，用尊重的态度去对待别人的自尊。

汉朝自董仲舒之后的一些教育家，大都主张"因材施教"，并对"因材施教"有各自的论述。唐朝的韩愈，则另辟蹊径，从"因材而用"的思路来看待"因材施教"。他认为培养人才就像建造房子需用的木材一样，大小各有用处，教师不应千篇一律，爱大弃小，应该根据学生的质地成就他们，使其成为大小不同的有用之才，这就是教师的责任。显然，这是别开生面的"因材施教"。❸

到了北宋庆历年间，著名教育家胡瑗对孔子的因材施教思想进行了实践创新，提出了"分斋教学制"，其主要内容是在学校内分设经义斋和治事斋，"使各以类群居讲习"，"经义，则选择其心性疏通、有器局、可任大事者，使之讲明'六经'；治事，则一人各治一事，又兼摄一事，如治民以安其生，讲武以御其寇，堰水以利其田，算历以明数是也。"❹ 学生可根据自己的特性、喜好选

---

❶ 张如珍.."因材施教"的历史演进及其现代化 [J]. 教育研究，1997（9）：73-76.

❷ 参见《墨子·大取》。

❸ 同❶.

❹ 同❶.

定专攻科目。❶胡瑗是中国历史上第一个提出在集体教学的条件下通过分科进行因材施教，比以往在个别教学条件下的因材施教大大前进了一步。❷

宋代的程颢、程颐对孔子的因人而教思想推崇备至，他们把这一经验第一次概括成"因材施教"的思想，将其上升到理论的高度。程颐认为："孔子教人，各因其材。有以政事入者，有以言语入者，有以德行入者。"❸但以往认为，朱熹"夫子教人，各因其材，小以小成，大以大成，无弃人也"❹，"因材施教"一词始于此。

明中叶教育家王守仁提出"随人分限所及"而施教的思想，对"因材施教"又给予了新的解释，认为施教者应该根据学生的个性特点来发展他的知识、能力和特长，强调教育要因人而异。❺王守仁在《别王纯甫序》中说："圣人不欲人人而圣之乎？然而质人人殊，故辩之严者，曲之致也。是故或失则隘，或失则支，或失则流矣。是故因人而施者，定法矣；同归于善者，定法矣。因人而施，质异也；同归于善，性同也。夫教，以复其性而已。"❻其结论就是"教无定法""因人而施"八个字。教育者必须针对每个学生的个别差异，异质性情，因材施教，就像良医之治病，辨证诊断，合理处置，进而对症下药。

孔子的"因材施教"教育思想历经两千多年而不衰，说明它反映了教育自身的客观规律。孔子认识到每个学生都有独特的天赋和学习方式，主张根据学生的个性和才能进行有针对性的教育，他这种理念为差异教学理论提供了古老而智慧的启示。

---

❶ 钱焕琦.中国教育伦理思想发展史 [M].北京：改革出版社，1998：220.

❷ 张颖.因材施教——教育教学的经典原则 [J].山东教育学院学报，2003（1）：102-103.

❸ 程颢，程颐.二程集（第1册）[M].北京：中华书局，1981：252.

❹ 朱熹.孟子集注 [M].北京：中华书局，1983：36.

❺ 田建荣.古代书院因材施教与现代高等教育个性化 [J].大学教育科学，2020（6）：94-101.

❻ 王阳明.传习录注疏 [M].邓艾民，注.上海：上海古籍出版社，2015：138.

二、中国哲学中的中庸思想对差异教学理论产生了影响

五千多年的中华文化孕育了辩证思想和"中庸之道"。距今两三千年前问世的《周易》就已具有朴素的唯物精神与辩证法的观点，认为万物是可以认识的，所谓"知周乎万物"，是不以人的意志为转移的。认为矛盾运动始终存在于一切事物的发展过程中。《周易》的思想对孔子的思想也产生了一定影响，已成为中华文化的经典，根植于东方文化沃土。辩证法为我们的思考研究提供了科学的精神方法，其自身也在不断发展。

我国从 20 世纪 90 年代开始，学生的个性差异受到关注，并有学者主张在集体教学中要实施差异教学，即教师在教学中首先要尊重差异，尊重个性，其次要承认差异，促进每个学生全面和谐的发展，包括特长的发展。

在共性与个性辩证统一的过程中，中国古代哲学思想"中庸之道"给予我们极大的启示，个性太过张扬，共性必然势弱，共性太过强调，则个性泯然消失。教育要在关注共性的基础上关注学生的个性发展。学校教育要在个性与共性之间找到一个制衡点，既不能过分强调共性，也不能过分强调个性。学校的教学计划、教学目标、教学内容和评价方式要在学生共性的基础上进行制定，再根据学生的个体差异做出相应的调整，努力创建和实现多样化、个性化有特色的教育，也就是让我们的教育更多地适应学生的不同学习需要，由此发展为差异教学理论。

从哲学的角度说，差异教学理论就是要在班集体教育中辩证地处理好共性与个性的关系；从人的发展来说，差异教育就是要辩证地处理好优势与缺陷的关系。当今，我们认识到教育的社会本位和个人本位的辩证关系，要通过教育发展个性，但力求把统一性和多元性结合起来从辩证唯物主义看，人的个性并不脱离人的共性，个性系统中既包含着共同性，又包含着独特性，个别问题反映在群体中就是差异。差异不是指对立，往往更多是指程度的差异和能量的差

异，存在不确定性与多样性。差异教育立足群体中的个体，教学中追求共性与个性的辩证统一。❶ 这一思想应用于教育领域，意味着教育应当允许并鼓励学生在共同发展的基础上展现出各自的特点和优势，而不是追求千篇一律的教育成果。

三、差异教学追求"和而不同"的教育境界

"和"文化是中国人治国、邦交、修身和齐家奉行的价值观。五千多年来，"和"文化完全融入了中国人的血液，成为中国人的灵魂。"和而不同"语出《论语·子路第十三》："君子和而不同，小人同而不和。"何晏在《论语集解》中对这句话的解释是："君子心和，然其所见各异，故曰不同；小人所嗜好者同，然各争利，故曰不和。"就是说，君子内心所见略同，但其外在表现未必都一样，这种"不同"可以致"和"；小人虽然嗜好相同，但因各争私利，必然互起冲突，这种"同"反而导致"不和"。宋朝理学以及清代对于"和而不同"的解释基本上与《论语集解》一脉相承。这是我国古代朴素的唯物主义思想对"和而不同"的辩证解析。中华文化绵延数千年，仍然充满生机和活力，很大程度上取决于其"和而不同"的文化品格。"和而不同"在文化精神上表现为生生不息的创造性和海纳百川的包容性。在中华文化繁荣发展的过程中，汉族文化与各少数民族的多元文化互相吸纳融合，体现了中华文化的多样性和丰富性。

"和而不同"在当下仍有其积极意义，今之"和"则是和谐、统一，"同"是相同、一致；"和"是抽象的、内在的，"同"是具体的、外在的。"和而不同"就是追求内在的和谐统一，而不是表象上的相同和一致。黑格尔曾经将"同一"划分为两种，一种是"排斥一切的差别的同一"，另一种是"包含差别

---

❶ 华国栋. 差异教育学 [M]. 北京：教育科学出版社，2023：28.

于自身的同一"，我们倡导的"和而不同"应该是后者，也就是在实现"同一"的过程中，允许不同、允许差别。反映在教育上，就是我们在追求学生发展的共同目标时，承认差异、包容差异、尊重差异，并从尊重差异中引领差异；提倡包容多样，并从包容多样中引领多样，努力创建一种自我、他我、物我多种形态和谐发展的环境。❶

"和"对于社会、对于自然界来说，就是生物与生物相依相成，人与自然、社会和谐相处。人的成长，不能离开社会，不能离开自然界。我们不能孤立地探讨人的发展。差异教育要促进人的发展，但也要为社会培养人才。应倡导"工具人"与"目的人"相统一的教育目的。个性是主体与外部生活条件相互作用而形成的。促进人的和谐发展是教育的核心目标，但不能忽视社会环境、自然环境和人的发展的相互作用。❷

中国文化以其丰富多元与博大精深之特性，深刻地影响了具有中国特色的教育理念的形成。作为中国传统文化的主流——儒家思想，其倡导的核心理念"仁爱"与"礼制"不仅强调了教育的社会价值，即通过教育培养个体品德，以维护社会秩序与和谐，更重视规范教育，提倡"因材施教"与"学而不厌，诲人不倦"的教育精神，为后世教育奠定了坚实的基础。而道家哲学以其独特的生命哲学视角，主张"道法自然"，认为教育应顺应人的自然本性与生命成长的规律，强调"无为而治"的教育智慧，鼓励个体在自由探索中领悟真理，实现自我超越。这种教育理念，对于缓解当代教育体系中可能存在的过度干预与标准化问题，提供了宝贵的思想资源。墨家学派，则以其对科学技术教育的独特重视，不仅倡导"兼爱非攻"的社会理想，还强调体行实践的重要性，认为知识与技能的学习应与现实生活紧密相连，通过动手操作与社会实践来深化

---

❶ 燕学敏. 和而不同，快乐成长 [J]. 中国德育，2016（17）：21-24.

❷ 华国栋. 差异教育学 [M]. 北京：教育科学出版社，2023：32.

理解，培养实用型人才。这一理念对于当今教育改革中加强实践教育、促进产教融合具有深刻的启示意义。

在此背景下，差异教学作为一种旨在满足学生个性化需求、促进全面发展的教学模式，其在中国的发展与应用更应体现出鲜明的中国特色。这意味着，差异教学不仅要借鉴国际先进教育理念与方法，更要根植于中国文化的深厚土壤之中，反映中国教育的独特规律与价值观。通过夯实自身的文化根基，继承并发扬中华民族优秀的教育传统与文化精神，我们才能在全球化浪潮中保持教育的独特性与竞争力，展现出应有的文化自信与理论自信。这样的教育改革，不仅能够促进每个学生的全面发展，更能为构建人类命运共同体贡献中国智慧与中国方案。

第二节　跨文化的借鉴与融合

差异教学理论虽然植根于中华优秀的传统文化，但在不断的发展过程中也借鉴和学习了现代心理学理论、个性教育理论、西方哲学、社会学、脑科学等理论，在博采众家之长的基础上，建构和形成适合时代发展的差异教学理论体系。

一、对个性教育理论的借鉴与扬弃

欧洲的文艺复兴运动是以"人性反对神性，以科学理性反对蒙蔽主义，以个性解放反对封建专制，以平等友爱反对等级观念"[1]。它的口号是："我是人，人的一切特性我无所不有"[2]，这种文化思潮对当时和后世的教育产生了巨大而

---

❶ 袁振国. 教育新理念 [M]. 北京：教育科学出版社，2003：35.

❷ 毕淑芝，王义高. 当今世界教育思潮 [M]. 北京：人民教育出版社，2005：67.

深远的影响，并造就了一大批人文主义教育家，他们反对封建教会对儿童的本性的压抑，强调教师要尊重儿童的个性，他们或发表言论或举办学校，从事教育革新。他们主张通过教育使人类的天赋、身心能力得到和谐的发展。比如维多利诺创办的"快乐之家"，即是以学生的人格发展为办学宗旨，注重学生的身体、道德和精神的协调发展，同时也非常重视学生个人实际能力的培养。维多利诺还发明了一种新的教学方法体系，他反对机械背诵，注重理解和联系，尊重每个人的兴趣和特长，经常根据学生的实际需要调整学习科目和学习方法。

人文主义教育观的现实代表夸美纽斯指出了人在性格上的差异："有些人是伶俐的，有些人是迟钝的；有些人是温柔和顺从的，有些人是强硬不屈的；有些人渴于求取知识，有些人较爱获得技巧。"❶ 并由此提出教育要根据个人的要求和特点进行。人文主义教育观的浪漫派代表卢梭构建了完整的自我教育理想，把儿童中心的思想推到了极致。人文主义教育观的第三个高潮是第二次世界大战，特别是 20 世纪 60 年代以后，这是由第二次世界大战对人权、对人性的践踏引起的反思和民主运动的日益高涨出发产生的，其中存在主义哲学和人本主义的心理学最具有代表性，存在主义的最大特点是以个人为中心，强调人的个性和自由。存在主义哲学在教育上的另一个重要推广人是美国的哲学家尼勒，他指出，知识的教育应该有助于学生的人格发展、知识的教学应该与学生的情感相联系。他要求把课程的重点从实物世界转移到人格世界，他同样倡导建立新型的师生关系，主张教师帮助学生走向自我实现，而不是灌输知识或者帮助学生解决特定情境中的问题。他特别赞赏苏格拉底的启发式教学，认为那才是最理想的，最能帮助学生实现自我的方式。

---

❶ 毕淑芝，王义高. 当今世界教育思潮 [M]. 北京：人民教育出版社，2005：134.

人本主义心理学最重要、影响最大的观点是关于人的"自我实现""人的潜能的充分发展"，教育应该为培养"自我实现的人"而努力，人本主义心理学的另外一位代表人物罗杰斯在教育上的影响更直接，他提出了"以人为中心"的教育主张，反对任何把人放在次要地位的教育，"以人为中心"就是以学生的自由发展为中心，他发明了"非指导性教学"法，要求教师在教育过程中完全不干预学生的思想，只起一个组织者的作用。学生自己表达、自己指导，自己评价、自己创新、自己选择，成功的教育就在于学生学会了自我表现和自我选择。

杜威是典型的儿童中心的人文主义者，他以对传统教育忽视儿童的批判著称于世，竭力主张以儿童为中心，实现哥白尼式的革命，他创设以问题为中心的教学，在他的教育观中，儿童是学习的主动者，是活动者，是实践者，所以杜威倡导"在做中学"，按照儿童心理的特点组织课程和教学内容。

差异教学理论在一定程度上借鉴了西方个性教育倡导的"尊重学生的个体发展"的教育主张，但也并非全盘接受西方个性教育理论。它对西方个性教育理论中过于强调个体自由发展，而忽视教育的社会功能和集体价值的部分进行了扬弃。差异教学理论提倡在尊重个体差异的基础上，更加注重个体需求与社会需求的结合，强调教育不仅要满足个体的发展需求，还要适应社会的发展要求，培养学生在社会环境中的适应能力和合作精神。此外，西方个性教育理论在实践中可能会导致教育资源分配不均，过度关注少数具有突出个性特长的学生。差异教学理论则强调整体教育环境的优化和教育资源的公平分配，力求使每个学生都能在适合自己的教育环境中获得充分的发展机会。

差异教学理论在对西方个性教育理论的借鉴与扬弃中，丰富和完善了自身独特的理论体系和实践模式，既充分关注了教育的社会功能和公平性，又兼顾了学生的个体差异，为教育实践提供了更具综合性和适应性的指导。

二、建构主义丰富了差异教学理论基础

建构主义学习理论为数学差异教学的发展提供了坚实的理论基础，建构主义提倡的"知识应该是建构的，而不应该是传授的"的学习方式，正是对学生差异的充分尊重。

建构主义教学方法主要包括抛锚式教学、支架式教学以及随机访问教学三种。抛锚式教学是建构主义受船舶停泊抛锚现象的启发而命名的。抛锚式教学策略的 核心是通过基于真实生活事件或实际问题来设计和展开教学活动。其基本环节是：设计情境—提出问题—自主探究—协作学习—效果评价。在数学教学中，教师针对数学内容，创设有现实意义、对学生具有一定挑战性的教学情境，是学生建构数学知识的重要前提，也是现在课改中提倡的"项目式学习"的一种体现。由问题情境产生数学问题，激发学生追求问题解决的心向和思维的积极性，造成认知冲突，以形成学生欲证不得、欲罢不能的"悱愤"态势。教师再适时地提供材料或者给予教学时间鼓励学生自己思考、探究，在自我学习的基础上，再组织小组合作学习，从而达到互相启发、意义建构的过程，最终获得较好的学习效果。

支架式教学中的"支架"是建筑行业术语，又称为"脚手架"，是在建筑房屋时起暂时支撑作用。在教学中，为了帮助学生理解所学的内容，教师帮助学生把复杂的任务加以分解，并设计、提供一种概念框架，为学生持续的建构奠定基础，这就是所谓的支架式教学，其关键是在学生的最近发展区内提供适当的支持，以促使他们逐步超越实际发展水平。这种支持可以包括提供提示、示范、鼓励、问题引导等方式，以帮助学生完成他们目前尚不能独立完成的任务。支架式教学的基本教学环节为：前置导入—知识呈现—搭建支架—独立探索—协作学习—效果评价。比如数学教学中，为解决一个复杂的问题 A，教师需要个别学生做好铺垫，要解决问题 A，就要先解决问题 B，问题 B 要比问题

A 简单一些，要解决问题 B，就要先解决问题 C，问题 C 是解决问题 B 的先决条件，也是最基本的要件。教师在安排全班同学解决问题 A 时，就要为部分学有困难的学生搭建好支架，准备好问题 B 和问题 C。这个过程就是支架式教学模式。

随机访问教学顾名思义，就是随机进入到学习领域。该理论认为，人的认知随情境的不同而表现出极大的灵活性、复杂性、差异性，所以，同样的知识在不同的情境中会产生不同的意义，不存在绝对普遍适用的知识。其基本环节如下：呈现情境—随机访问学习—思维发展训练—协作学习—效果评价。比如中小学教学中开展得比较多的 STEAM 教学就是将同一个数学概念可能应用到不同场景的典型案例。数学学习中经常用到的随机访问教学就是一题多解和多解归一的问题。

综上可见，建构主义教学方法与差异教学理念存在紧密的关联和相互呼应。差异教学强调尊重学生个体差异，而建构主义教学方法摒弃传统的单一知识传授和机械背诵记忆式学习，注重学生在情境中的自主探索，这正契合了差异教学中关注个体独特学习方式和需求的核心要点。在差异教学的框架下，学生的学习情境、主题选择以及探究深度都应因人而异。比如，学生在情境中发现问题、把握情境选择学习主题并深入探究，这种自主性和灵活性为差异教学提供了切实可行的操作路径。建构主义理论已经充分肯定了学生在数学教学活动中的主体地位。数学教学不再是一种"授予—吸收"的过程，而是在一定社会环境中以学生作为主体的主动建构过程。

三、多元智能理论为照顾学生差异提供了理论依据

美国哈佛大学的加德纳（Gardner）提出的数理逻辑智能与视觉空间智能理论为数学差异教学的实施提供了可能。在其《智能的结构》中，数理逻辑智

能指的是个体运算和推理的能力，表现为个人对事物间各种关系如类比、对比、因果和逻辑等关系的敏感以及通过数理运算和逻辑推理等进行思维的能力，在侦探、律师、工程师、科学家和数学家等人身上有比较突出的表现；视觉空间智能指个体感受、辨别、记忆、改变物体的空间关系并借此表达自己思想和情感的能力，表现为个人对线条、形状、结构、色彩和空间关系的敏感以及通过平面图形和立体造型将它们表现出来的能力，在画家、雕塑家、建筑师、航海家、博物学家等人身上有比较突出的表现。❶数理逻辑智能与视觉空间智能比较强的学生，在代数与几何的学习中就会占有很大的优势。

四、神经科学理论助力了数学差异教学

数学差异教学在建构主义、多元智能理论以及差异教学理论的基础上，又吸纳新的科学理论成果，强调神经科学、学习风格、教育技术、反应干预措施等理论的介入。

研究表明，数学涉及许多心理过程，包括推理、概念形成、心理处理速度、长期和工作记忆以及注意力。像大多数复杂的思维过程一样，大脑有许多区域或不同区域参与数学处理。首先，语言在数学成绩中很重要，包括学生的"私人谈话"模式，用来指导自己完成数学问题。因此，大脑中与语言相关的区域，如布洛卡区、角回和韦尼克区，都与数学有关，因为它们与语言密切相关。

大脑的额叶和顶叶（大脑中负责高阶思维技能的区域）都与数学理解高度相关。因为学生在看到大多数数学问题时，如果视觉皮层参与其中要比仅仅看到问题要复杂得多，所以视觉皮层也对数学理解高度相关。索撒（Sousa）认为，几乎所有的数学思维都涉及视觉皮层，这表明数学需要个体将数学问题形

---

❶ 特古斯. 多元智力理论的内涵及其教育价值 [J]. 内蒙古师范大学学报（教育科学版），2004（9）：20-22.

象化。❶此外，这似乎也得到了多年来的研究的支持，这些研究报告显示儿童的数学能力和视觉能力之间的相关性。

数学学习是一项高度复杂的技能，它也依赖于大脑的其他功能。虽然阅读是一项复杂的技能，可以相对独立于其他技能来掌握，但数学显然不是这样的。虽然孩子不需要为了学习阅读而学习数学（或任何其他学科），但孩子确实需要为了掌握数学而学习阅读，因为很多数学涉及阅读数学方程或文字问题。比如让学生做一组真实的数学问题，就需要学生在众多的文字中提取出数学信息。因此，在学生学习数学的过程中，阅读是大部分数学工作的重要组成部分，理解复杂的阅读过程可能有助于显示数学的复杂性。数学思维是一个高度复杂的过程，它涉及人类大脑的许多区域，至少包括额叶、顶叶、视觉皮层、角回、韦尼克区和布罗卡区。除此之外的其他区域可能也涉及通过数学问题进行思考的机制，只有进一步的研究才能让我们了解数学问题到底有多复杂，或者有多少大脑区域涉及数学理解。

第三节　差异教学模式的构建

差异教学在多年实践的基础上，逐渐总结和提炼了介于理论与实践之间、易于操作的一种方式，并在践行中不断地改革和完善，最终形成差异教学模式。

学生的差异是客观存在的，尊重学生的差异就是尊重教育发展的规律。差异教学提倡"在班集体教学中立足学生的个性差异，满足学生不同的学习需要，促进每个学生在原有基础上得到充分发展的教学"。❷即在关注学生共性

---

❶ 约翰・D.布兰思福特，等.人是如何学习的：大脑、心理、经验及学校 [M].程可拉，等，译.上海：华东师范大学出版社，2002：76.

❷ 华国栋.差异教学论 [M].北京：教育科学出版社，2010：24.

的同时，兼顾学生个性差异，将共性与个性辩证地统一起来。差异教学从教学目标、课程设置、教学组织、课堂教学、辅导训练、教育评价等角度多维度构建差异教学策略体系，从不同的侧面满足不同学生学习需要，追求教学和每个学生学习状况的最大限度匹配，以促进每个学生在原有基础上得到最大限度的发展，从而实现优质教学。

近几年，"分层走班制""选课走班"逐渐成为教育研究领域的新热点，教育实践中"走班制"与"讲授制"现象并存。但是，无论是走班制还是讲授制，如果仅是形式上将学生进行分层、分类或者混合编班，而教学上仍旧停留在"一刀切"、机械化、标准化的操作要求上，没有着力于学生的智力因素、认知基础以及学习动机的客观差异上，发挥每个学生学习的主体性依旧是一句空话。要解决这个问题，必须实施课堂教学的深度改革。学情分析、问题诊断、设计挑战目标、增加或者删减教学内容以及运用多种教学方式的教育教学改革，都必须以尊重学生的差异为教学的动力基础和可能性条件。因此，基于教育测查和心理测查基础上的差异教学模式是促进每个学生最大限度发展的必要条件。

教学模式是在一定的教学理论指导下，一种相对稳定的教学方法和策略的总称。在构建差异教学模式的过程中，教育理论研究者、管理者和一线教师高度融合，既发挥理论研究的优势，夯实理论基础，高度提炼和总结教学实践经验，又在教育实践中不断地修正和验证，所以差异教学模式是在差异教学理论观点指导下，适应并利用学生差异的一种相对稳定的教学方法和策略。

构建差异教学模式的理论基础主要参照两个方面，一方面是从中国教育现状出发，努力体现我国因材施教的思想以及教学的最基本经验，如"温故而知新""学、思、行"相结合等，另一方面也力求体现近、现代的学习理论观点，如认知主义学习理论（特别是建构主义学习理论）强调学习过程是学生自己主动建构的过程。同时也注意借鉴行为主义学习理论、人本主义学习理论以及最近发展区理论、掌握学习理论……。对个别化教学、分层教学模式、小组合作教学模式的利弊进行客观分析，力求博采众长，为我所用。同时也遵循辩证唯物主义思想方法，实事求是地构建方法体系，灵活地选择和运用教学模式，以使教学达到最优化。灵活、多样、综合、辩证地施用教学模式是差异教学的典型特征。❶

在构建差异教学模式的过程中，学生差异是课堂教学的元点，是我们始终坚持的基本原则。学生按照自己的学习风格学习，有自由选择的机会和体验自主感，充分有效的、多样的学习活动形式是构建差异教学模式的基本条件。❷因此，差异教学模式是学生学习模式与教师教学模式的综合体。差异教学模式在帮助学生获得信息、思想、技能、价值观、思维方式及表达方式时，也在教他们如何自主学习。在帮助学生形成自主学习能力的同时，教师也要掌握和熟练运用差异教学模式，并将其作为探究的工具进行实践探索。为了能够帮助学生和教师建构和形成适合自身的学习和教学模式，差异教学模式为师生提供了八个课堂教学和学习策略作为脚手架，这八个差异教学策略是遵照教师教学的逻辑顺序研发的，它们分别是：①认知前提准备与学习动机激发策略、②预设与生成挑战性学习目标策略、③教学内容的调整与组织策略、④多样启思的教学方法与手段运用策略、⑤隐性动态分层与互补合作相结合策略、⑥面上兼顾与个别指导相结合策略、⑦大面积及时反馈与调节教学策略、⑧创设民主和谐学习环境策略。另外还有⑨课后的弹性作业与多元评价策略、⑩扬优补缺的辅导与训练策略两个策略作为课堂教学策略的补充。

基于上述考量，差异教学模式采取三个层面的架构：学生层面、教师层面和对应策略层面（见图 2-1）。

❶ 姜智，华国栋.“差异教学”的实质刍议 [J]. 中国教育学刊，2004（4）：52-55.
❷ 程向阳.差异教学模式及其实践与反思 [J]. 中国教育学刊，2006（4）：39-42.

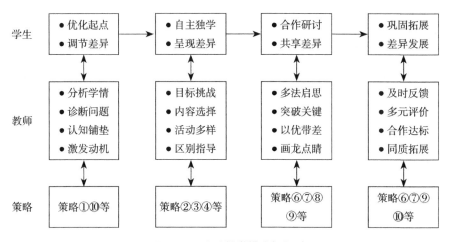

图 2-1　差异教学模式框架

　　传统教学方式认为学生的认知水平是由教师来测量和诊断，差异教学则发挥学生和教师的潜能和优势。第一层面，学生通过自评和自我调节，缩小与同伴的认知差异，在课堂学习中，通过独立学习、呈现差异，合作研讨、共享差异以及课内外对所学内容的巩固拓展，达到在各自基础上最大限度的发展。第二层面，教师的教学从学情出发，诊断学生存在的问题，通过铺垫、反馈矫正等措施，选择与调节教学内容，综合运用多样化的教学方法与手段，通过课内外、校内外教育教学的有机结合，使学生间的差距得到适当调适。❶第三层面，为满足学生不同的需要，促进学生最大限度的发展，帮助教师设计多种不同的学习活动，差异教学模式将差异教学策略作为教师实施差异教学的脚手架。该策略体系是差异教学的重要内容，它来源于差异教学理论，但更容易操作，是实施差异教学的重要手段和途径，也更容易被一线的教师所认同和掌握。

　　经过不断反复的实践检验，差异教学模式能促进不同层次、不同类型的学生都得到较好的发展，大面积提高了学生的学习质量，教师在实施模式过程

---

❶　华国栋.差异教学论 [M].北京：教育科学出版社，2010：18.

中，教学能力得到很大提升。该模式也得到广大校长、教师的认可，并以一种相对稳定的结构流程为大家所熟知和使用。但是，教学有法，教无定法，教学中的预设与生成一直是相伴而生的，对于教学中生成的宝贵资源，需要教师在原有的教师模式的基础上，有所创新，有所发展，形成新的变式。❶

❶ 燕学敏 . 差异教学课堂模式的理论建构与实践探索 [J]. 教育理论与实践，2020（17）：3-6.

第三章　数学差异教学的特征与策略

数学是一门科学性和系统性非常强的学科。很多基础性的知识，如数学的语法规则、代数的基本概念、几何的基本原理等，是数学学科体系中的支柱，支撑着学生对更高层次知识的理解和运用，就像数学大厦的基石，承载着前人的智慧，为后续的学习奠定了坚实的基础。

第一节　数学差异教学的特征

数学差异教学是一种尊重学生个体差异、力求让每个学生数学潜能得到充分发展的教育理念。它以"因材施教"为核心，强调在教学过程中关注学生的个性特点、学习风格和兴趣需求，从而提供更为精准、个性化的教学服务。在数学教学中实施差异教学，不仅是提高学生数学学业成就的重要手段，更是培养学生数学思维、创新能力和核心素养的关键。因此，深入了解数学差异教学的特征，对于更好地开展数学教学具有重要意义。

一、基于教育调查与测查基础上的诊断式教学

差异教学把学生的差异作为教学的元点和归宿，教师凭借以往经验或者

测查手段获取施教对象差异的平均水平，并依此进行教学，这在一定程度上能够改善班级授课制下的教学效果。然而，个体差异在很多方面的行为表现都是"情境性"的而非纯粹的、稳定的心理倾向表现。平均水平本身并不能使个体差异消失，甚至平均水平并不代表任何一个层次上的学习者，特别是学生差异两极分化的班级更是如此。❶建立在测查和诊断基础上的差异教学要求教师在施教前必须进行教育临床诊断，也就是运用心理学、教育学等测查和调查方法测查学生个体内和个体间的差异，找到学生的优势和不足，从而为他们量身定做教育训练计划，促进他们发展。❷

（一）学生认知基础和学习动机是数学学习的重要影响因素

根据现代教学论，深入研究学生学习需要、认知水平和能力倾向，可以优化教学过程，更有效地达成教学目标，提高教学效率。

奥苏伯尔曾经说过："影响学习的唯一最重要的因素，就是学习者已经知道了什么，要探明这一点，并应据此进行教学。"❸加涅累积学习理论认为学生在学习任何新的知识技能时，都建立在他们已经习得的知识技能基础上。而布卢姆认为要使绝大多数学生的学习达到掌握水平，必须具备三个条件，即认知准备状态、情感准备状态、适合学生学习的教学策略。❹加涅、布卢姆和奥苏伯尔三者的理论有一个共同点，那就是都强调教学必须关注学生已有的知识与技能（即学习的内部条件或认知准备状态），只是具体提法与名称不同而已。这给我们的数学教学以启示：教学前，学生已经具备哪些学习新内容应该具备的认知基础，是教学的真正"起点"，"学习者已经知道了什么"是决定课

❶ 程向阳. 差异教学模式及其实践与反思 [J]. 中国教育学刊，2006（4）：39-42.

❷ 燕学敏，华国栋. 差异教学课堂模式的理论建构与实践探索 [J]. 教育理论与实践，2020（17）：3-6.

❸ 奥苏伯尔. 教育心理学——认知观点 [M]. 佘星南，宋钧，译. 北京：人民教育出版社，1994：194.

❹ 燕学敏. 我国学情分析的意义、问题与对策研究 [J]. 内蒙古师范大学学报（教育科学版），2020（5）：109-113.

堂教学效益高低的关键因素，因为它直接关系到学生能不能学，进而影响到学生想不想学、学得怎么样、需要花多少时间学等方面，这些问题统统都与"起点"——"学生已经知道了什么"有关。显然，如果全体学生都具备了完成教学目标所必备的知识与能力，即全体学生处在基本相同的起点上，那么这节课会很顺利地完成任务；如果部分学生不具备完成教学目标所必备的知识与能力，即部分学生不处在应有的教学起点上，则教学就会受阻于这部分学生。❶

学习新内容前进行学情分析，可以帮助教师深入了解学生的准备起点、动机状态，为教育情境的创设、教学内容的创生、教学方法的选择等奠定良好的根基。教学过程中了解学情，能够帮助教师适时调整教学的节奏、改进教学活动和增减教学内容，促进教学目标的有效达成。教学后了解学情，可以及时了解目标达成程度，及时掌握教学中存在的问题，为预设与调整后续教学做好准备。❷

（二）教师利用科学的测查工具或者课堂观察掌握学生的学习基础是实施新课教学的前提条件

差异数学教学中，教师必须通过各种途径对学生的性格特点、兴趣爱好、能力水平、认知风格及认知基础有清楚的了解和掌握，同时清楚学生的各种行为表现所折射出来的背景状态和影响因素。对学生出现目前状态的原因、采取何种方法策略解决等一系列问题进行分析、判断，有针对性地设计教育教学方案。

对于学习上有特殊需要，特别是在认知基础上与同伴有较大差距的学生，教师要进行课前的指导帮助。掌握学习理论指出，只要给学生提供必要的认知

---

❶ 奥苏伯尔.教育心理学——认知观点 [M].佘星南，宋钧，译.北京：人民教育出版社，1994：298.

❷ 燕学敏.我国学情分析的意义、问题与对策研究 [J].内蒙古师范大学学报（教育科学版），2020（5）：109-113.

前提行为，积极的情感前提特性，并提供高质量的教学，学生间的学业成绩离差将缩小到 10%，也就是说 90% 以上的学生都能掌握新学内容。❶

（三）依据经验、量表或者纸笔测试进行测查

在数学学习活动中，学生的数学认知基础对学生学习新内容的影响尤其明显，这主要是由数学学科本身的性质决定的，前一学习内容是后一学习内容的基础，两者就像盖房子中的地基与上层建筑的关系，地基不稳或者地基没有筑牢，上层建筑就会松散或者坍塌。数学知识是认知客体，而学生是认知主体，教学材料、教学活动以及教师都是帮助主体认识客体的媒介。所以，在教学前，对学生认知基础的分析和了解主要是依据教师原有的教学经验、教师本人对数学的理解以及通过学生平时的成绩等；还可以通过问卷调查、测查问卷、平时的作业或者课堂表现等进行推测和推理，主要运用的是推理法，测查的结果则是关于学生认知基础的猜想与假设。教师通过课前的观察和测查，合理推测学生在学习新内容时可能遇到的困难和问题，这样有助于教师做好教学设计，尤其是对教学目标、教学内容的调整以及教学中的重点和难点的设计意义重大。通常情况下，所有的中小学教师的教学设计都是以教师的猜想、预设或者假设作为基础。

数学差异教学中，关于学生认知准备的测查，主要由课前小测或者访谈完成，课前小测的内容可以是已经学过的与本节课密切相关的知识或者生活经验，也可以是本节课要学习内容的课后练习或者作业。前者调查的目的是了解学生在开始学习新内容前的认知基础，后者调查的目的是了解学生对即将学习的新内容的认知情况。

对学生的诊断和测查不仅体现在课前，还贯穿于课堂教学中。课堂教学中对学生的诊断和测查属于实证研究。课前诊断时，无论教师使用的是正式的测

---

❶ 燕学敏，华国栋 . 差异教学课堂模式的理论建构与实践探索 [J]. 教育理论与实践，2020（17）：3-6.

查方式还是非正式的观察方式，所得出的结论都是基于数据或者文本材料以及教师的经验判断，每一种方法都具有一定的局限性和不可靠性，学生的真实情况与教师所做出的判断有差异是正常现象。老师们经常说的一句话：同样的教学设计，在不同班级教授时，会出现不同的教学效果。这是因为学生的学习过程具有情境性，不同班级的学生群体存在很大的集体差异，知识基础不同、兴趣偏好不同、学习动机不同、学习的兴奋点和难点也存在很大差异，所以同样的教学内容在不同的班级所产生的效果是不一样的。另外，数学教学具有情境性，前测中，学生个人思考中存在的困难或者问题，会因为同学间的互相启发而迸发出比个人独立思考更多的智慧，一些原本解决不了的问题会因为互动轻松化解了。这就需要教师在课堂教学中，创设民主和谐的学习氛围，鼓励学生间合作，提供研究问题、解决问题的机会和平台，让学生充分展示真实的想法和学习困难。如果学生的真实表现与教师的前期诊断或者观察相同，则按照预设好的教学设计进行，如果前测的结果被推翻了，必然调整预设的教学方案，以适应学生现有的发展水平，这个调整的过程就是教师课堂教学诊断评估和反思的结果，也是教师的教育智慧所在。

（四）学生的自查和自测对深入理解学习内容和查找学习中的不足举足轻重

建立在教育测查和诊断基础上的差异教学，要求学生在差异教学理念的引领下，通过自我意识、测查问卷、平时的单元测验以及家庭作业等常规方式对自己的元认知知识、元认知体验有意识地进行评估。根据测查的结果，学生通过制订计划、实际控制、检查结果、采取补救措施、寻求帮助和同伴学习来调节与班级内其他同学的差距。确保自己在学习新内容前，尽可能达到学习新知的认知准备水平。❶

---

❶ 燕学敏，华国栋.差异教学课堂模式的理论建构与实践探索 [J].教育理论与实践，2020（17）：3-6.

二、基于教学内容创生的知识逻辑教学 ❶

当前中小学课堂教学普遍存在的局限性即课堂教学问题集中表现为外在形式表现有余，内在深入研究不足。反映在数学教学中，则是教师对数学学科内容的表面理解、肤浅认知。

由于教学情境的独特性和动态性，教师对教学内容的挖掘贯穿教学前、教学中和教学后。教与学行为发生之前，作为教育者的教师需要对素材和信息进行学习、理解。在这个过程中，教师长期的教育实践和教育研究积累对教师内化相关的数学知识有很大的促进作用。教师在教学前需要掌握的素材和信息包括代表国家意识形态和价值观的课程指导纲要或者类似作用的咨询报告、代表学校教学方向的学科课程标准、指引教学活动指向的数学指导书以及数学教材，当然也包括与教学相关的影视听材料。对数学本质的认识主要包括理清脉络、构建结构，沟通联系、整合单元，聚焦概念、深入解析三个方面。

（一）理清脉络，构建结构

教师在教任何一门学科时，需要想清楚三件事。

第一件事就是秉持什么样的教学观？在课堂教学中让学生掌握结论性的知识内容和掌握知识发生发展的过程是两种不同的教学观。张奠宙先生曾经讲过这样一个事例：一位教师在讲授"一元一次方程"一课时，在"含有未知数的等式叫做方程"的黑体字上大做文章，反复举例，咬文嚼字地学习，朗朗上口地背诵。❷ 典型的照本宣科讲授静态的知识内容，这样的数学学习经历如何培养学生的数学思维和提高学生的数学兴趣？相反，优秀的教师都会把数学知识的来龙去脉讲授得清清楚楚，为学生呈现知识的发生过程。

❶ 燕学敏. 数学学科深度教学的三个实践着力点 [J]. 教学与管理，2021（30）：84-87.

❷ 张奠宙. 关于数学知识的教育形态 [J]. 数学通报，2001（5）：2.

第二件事是厘清数学知识体系。教材是学生学习相关数学知识的重要载体，这些数学知识按照一定的逻辑关系和学生的身心发展特点分布在不同的年级和不同章节。教师需要通过概念的分析，按照一定的逻辑将相关数学知识内在的联结串联起来，建立知识网络图谱。例如上文一元一次方程的例子，如果按照"以方程为纲"的逻辑联结，则初中三年的方程体系所在知识图谱如图3-1所示。❶

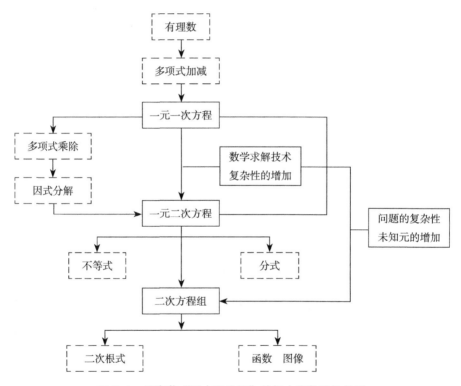

图3-1　按章节"以方程为纲"的初中代数结构关系

如果教师把所教年段的数学知识用某些逻辑线索将其串联起来，把知识点之间的内在关联揭示出来，就可以非常清晰地理解各个知识点在整个小学阶段

---

❶　徐建星."以方程为纲，以元为序"：初中代数知识结构的重建 [J].数学通报，2015（1）：4-8.

或者中学阶段的位置，掌握它们之间的内在逻辑性，理顺上下、前后的结构关系。进而了解它在整个学段的数学教学中的重要程度，在清晰的结构中寻找本质的、理性的信息，从而深入地理解数学知识内在的本质。❶

第三件事是深刻领悟数学思想和方法。数学思想相对于数学方法而言更具有统摄的作用，数学思想是数学的灵魂，而数学方法是数学思想的外显和具体化。数学思想作为数学知识的统帅，处于学习中的上位关系，其概括和包容的范围会更广，可以把一系列的下位知识囊括其中。数学方法是在提出问题、分析问题和解决问题过程中所运用的具体策略与技巧，是数学思想的具体反映。例如上文的一元一次方程，其所蕴含的思想主要有建模思想和化归思想，一元一次方程可以通过二元一次方程化归而成，而二元一次方程可以通过三元一次方程化归而得到。因此，教师协助学生掌握一定的数学思想和方法对于学生的学习迁移非常有利，一般地，如果学生头脑中的上位观念牢固而清晰，其迁移能力强的话，就可以把新学习的下位学习作为一种练习来完成。❷

（二）沟通联系，整合单元

在将数学知识结构化后，需要搭建结构阶梯。如果把数学知识结构框架比喻为数学的骨架，那么结构阶梯就是内容丰富的血和肉。数学知识结构能够让教师清晰地理顺概念与概念、概念与定理或者概念与法则等之间的逻辑关系，结构阶梯则重在沟通前后知识之间的顺序、平行知识之间的并列关系。

在数学教学中，单元是构成教学内容的重要部分，每个单元基本上都是同一主题的教学内容。但是教师在整合单元时，则不必完全遵循教科书中的自然单元，可以以挑战性学习主题为中心来组织构建"单元"，围绕主题开展一系

❶ 张奠宙，等．关于数学的学术形态和教育形态谈"火热的思考"与"冰冷的美丽"[J].数学教育学报，2002（2）：1-4.

❷ 曹才翰，章建跃．数学教育心理学 [M].北京：北京师范大学出版社，2006：58.

列的教学活动，整合相关的数学教学内容，这些数学内容有可能在教科书中的同一单元内，也有可能是多个自然单元的综合体或者是多个自然课时的整合。这里的"单元"主要是建构主义意义下的"单元"概念，基于"学科核心素养"整合不同的"教学方略"。不管哪一种教学方略，"学科核心素养"都是共同的追求与最优先的事项。❶

（三）聚焦概念、深入解析

数学概念是构成数学学科的基本单元，数学概念是反映数量关系和空间形式本质属性和特征的思维形式。数学概念的产生具有不同的途径，有的数学概念是从现实生活中存在的模型中抽象概括得出，有的概念是在已有概念的基础上进一步抽象概括而形成，有的概念是人们将客观事物的属性理想化、纯粹化后得到，还有的概念是根据现实生产生活的需要而产生的。整体分析和理解每一个概念，既要深入分析概念产生的根本根源，又要分析这一概念所反映的数学本质特征和数学思想，了解学生学习这一概念的特征与困惑，清晰核心概念在相关数学结构框架中的重要位置和对学生学习的重要意义，提炼这一概念所在的单元的主题，进行教学设计，以确保学生能够真正理解所学内容，并逐步体验其中蕴含的数学思想或核心素养。在理解概念时，需要教师清楚概念产生的途径，如从现实模型中抽象出来的概念，比如正方体、长方体以及圆等的教学，就需要准备感性的材料作为概念引入的手段。如果概念来源于现实问题的解决，就需要清楚概念产生的历史背景资料或者实践问题，比如负数、无理数等。

对概念的解析还需要深入理解概念的本质和关注概念间的联系，概念的本质及其之间的联系反映了相关的数学思想，是教师切实需要掌握的数学的核心。

---

❶ 钟启泉. 单元设计：撬动课堂转型的一个支点 [J]. 教育发展研究，2015（24）：1-5.

在差异教学的实践中，我们经常看到、听到和接触到对数学本质认识不深刻的老师，这样的教师莫说照顾学生的差异，就连最基本的站稳讲台还没有做到。因此，数学教学中，实施差异教学的前提是教师需要对数学的内容和本质有深刻的认识，能够根据学生的需要，创生教学内容、整合教学资源和调节教学顺序。

三、触动学生心灵深处的思维逻辑教学

我们常说数学是思维的体操，数学教学中如果离开思维，就谈不上真正的数学学习。换言之，没有思维，就没有数学学习。数学教学的实质就是数学思维活动，学习者在教师指导下，围绕一个学习主题，开展数学活动，培养思维的逻辑性。但是，单纯的数学知识并不能达成这样的教学目标，思维逻辑的培养需要教师在深入理解数学知识本质的基础上设计有意义的数学教学活动，即把数学知识的学术形态转化为教育形态。将教材中排列整齐的、缺乏温度的、以冷冰冰面孔示人的数学知识设计成能引起学生高阶思维的学习活动，并提出有挑战性的学习问题，让学生感受到数学有温度、"火热"的一面，触动学生的心灵深处。

数学教学的终极目标是为了培养学生的"核心素养"，但是"素养"不是教出来的，而是在不同的问题情境中通过提出问题、分析问题、解决问题的实践过程形成的。培养核心素养的关键，在于教师如何设置疑问，如何激起疑问，如何设计引发学生深入思考的情境。数学思维逻辑唯有在活动中才能作为一种能力，得到锻炼和激发，也就是说，唯有融入真正的学习环境，数学知识内容及其所承载的思想方法、思维逻辑乃至寻求数学领域的本质（真、善、美）态度，才能一体化地培育起来。

因此，教师在设计具有挑战性的、学生全身心投入的问题时，需要有坚实

的数学专业知识作为基础，有建构主义理论、最近发展区理论以及学习科学等理论做支撑，有充分了解学生已有知识与新学知识之间的"剪刀差"做底气，与学生一起设置高于学生目前认知能力的问题情境，引起学生的兴趣，制造学生的认知冲突，使之处于一种"心理失衡"的状态，从而促使学生为了达到新的"知识结构平衡"，不得不去寻找新的理论和知识点，以弥补这种不稳定的状态。❶

第二节　数学差异教学的策略体系

在教学中，教师为了提高教学的有效性，需要在课前、课中和课后对学生的差异进行诊断。课前临床诊断是为了诊断学生个体内和个体间差异，掌握学生在学习新知识时是否具备相应的认知准备、对所要学习的新知的情绪状态和学习动机。从而根据测查结果进行相应的补救措施，设计相适应的教学方案。课中的即时诊断，是为了发现教学目标、教学内容、教学环境是否与学生的真实学习状态相匹配，存在哪些问题，如何改进和调整教学计划。课后测查的目的除了传统的测试学习效果，更关注的是如何根据学生的测查结果进行教学反思，为后续的教学提供借鉴和参考。

脑科学研究表明，适度的挑战性目标能够激发学习者的学习热情，使他们达到最优的学习状态。对于学习者而言，如果教师设计的数学知识过于简单，学习者会在轻松悠然的状态下学习，数学思维受到抑制，没有得到发展，问题解决能力也没有得到提升。如果设计过于艰深的数学知识，学生经过艰苦的探索依然没有解决问题，自信心就会受挫，会产生畏难情绪，裹步不前，不敢尝试。但是如果设计适度挑战性的问题，学生就会在适度紧张的精神状态下，高

---

❶ 燕学敏.问题意识：数学课堂有效教学的关键[J].数学通报，2010（3）：20-23.

度激发脑细胞的活跃程度，积极地思考，全身心投入，从而吸引他们走向探索未知世界的征途，在解决问题的过程中愉悦身心，获得成就感，从而激发他们进一步的思考。综上论述，可以看出过于艰深的学习内容和过于简单的学习内容都会使学习者丧失继续学习下去的欲望。因此，在教学中，要保持学习者持久的学习韧性，就要设计有挑战性的学习目标和学习内容。另外，每个学习者的学习状态是不断变化的，挑战性的学习目标需要根据学习者的学习状态进行适时调整，为他们量身定做，才能让他们一直保持积极的学习兴趣和持久的学习热情。

学生由于学习基础不同，潜在的智能不同，因此对于教学内容深浅层次的理解不同。教师在教学过程中，需要根据学生的学习基础和兴趣爱好适当调整数学教学内容。范·希尔曾说：学习过程是由各层次构成的，用低层次的方法组织活动就成为高层次的分析对象；低层次的运算内容又成为高层次的题材。[1]所以教师在组织教学内容时，需要为班级内极个别学生准备适合他们认知水平的内容菜单。例如为学习优秀者准备略高于全班平均水平的学习内容，而对于数学基础较弱的学生，需要为他们准备低于全班平均水平的教学内容，同时在全班共同学习之外的时间里，为这些学生格外"加餐"，使他们尽快在短时间内达到全班的平均水平。除了根据认知水平来组织不同的教学内容以外，还需要根据学生的多元智能来设计不同类型的学习内容，例如在讲述立体图形的性质时，需要为视觉学习风格的学生准备图片，为动觉学习者准备可操作性实物，为听觉学习者准备有声音的视频等教学内容。

学生的学习风格虽然具有差异，比如有的学生倾向于视觉学习，有的学生倾向于动觉学习，有的学生倾向于听觉学习，但是倾向于某种学习方式并没有完全的绝对性，更多的时候，学习者倾向于综合的学习风格，因此，教师在呈

---

[1] 弗赖登塔尔.作为教育任务的数学[M].陈昌平，唐瑞芬，译.上海：上海教育出版社，1995：114-115，228.

现教学内容时，要调动学生的多种感官进行学习，"做中学""听中学"以及抽象的思辨等都要有所涉及。

不同的学习风格导致学生参与学习的方式不同，倾向于"场依存型"学习者以他人为参照进行认知，更愿意与他人合作学习，注重在团队学习中共享信息，对他人的依赖性强，其行为属于社会定向型的。对于这样的学习者，需要为他们提供小组合作的机会，帮助他们完成学习。而"场独立型"的学习者更倾向于以自我内部为参照进行认知，行事有自己独到的见解，有自主精神，喜欢抽象的概念和理论，不善与人交往，其行为是非社会定向的。对于这样的学习者，教师需要为他们独辟静谧的学习环境，使他们能够沉浸在自己的思考世界，不受干扰。

每个学生的学习基础不同，学习中的情感态度也千差万别，利用统一的评价标准对学生的深度发展有失公允。为此需要基于学生的差异，采用单一卷模式、加试卷模式、三卷排列模式及四卷重叠模式等多种测试模式＋多元评价的方式，为学生提供适合他们水平的试卷，对不同的学生提出不同的要求，通过相对评价、增值评价和课堂观察评价等多种方式对个体进行综合评价。

数学差异教学指向的是建构式的学习、理解性的学习。所谓"建构"，顾名思义，就是学习者借助原有的经验，通过自己的独立判断，建立自己对这个世界或者所学习事物的理解，建构具有个体属性的知识结构和问题解决策略，形成自己的理解事物的思维模式和意义系统。换言之，学习者在建构学习、学习科学等理论的指导下，都能获得不同程度的发展。教师的责任在于采取怎样的教学策略才能促进每个学生不同程度的发展。

综上而言，数学差异教学策略有：学生数学差异类型的诊断、深入理解数学知识体系、单元整体建构教学内容、依据数学思维逻辑教学、预设与生成挑战性目标、多样化的教学方法手段、隐形动态分层与互补合作、面上兼顾与个别指导结合、大面积及时反馈与调节、创设民主和谐的学习环境、设计多样弹性的数学作业、扬优补缺的辅导与训练、多种评价方式并重。因各策略对数学教学和学习的贡献度不同，因此，针对数学教学的特点，笔者将各策略融合在教学的几大结构要素中进行阐述，同时也详细论述了不同课型使用的策略体系。

第四章　数学差异类型

数学具有高度抽象性和较强的思维逻辑性。学生在学习时，由于学习基础、智能、学习能力、学习风格等方面的差异，造成数学问题的累积，产生显著的差异。数学是容易产生学习差异的学科。数学的差异反映在学习能力与学习速度上，则是"蜗牛"和"猎豹"的差异，反映在智能上，则有数学天才与普通人的差异，要求"猎豹"按"蜗牛"爬行的速度飞行，或者要求数学天才与普通者同台竞技数学，都是不可取的。教学中，需要教师弄清楚学生在数学上产生差异的原因，对症下药，才能使得每个学生获得最大限度的发展。

第一节　数学学习困难学生的形成与诊断

在实践中，中小学教师经常遇到同一班级内学生的数学能力水平差异较大，如初中一年级中，对加、减法或者乘、除法不会运用的学生大有人在。学生间差异过大，导致很多教师的教学精力出现两极分化的现象，一种情况是对数学学习困难的学生关注较多，无暇关注班内其他学生的学习情况；另外一种情况是忽视数学学习困难的学生，对他们的要求仅限于不干扰其他同学的学习。这两种情况在实践教学中都是不可取的，无论是关注过多还是不予以关注，都对一部分学生是不公平的。

一、数学学习困难形成的原因

在大一统的集体教学中，存在数学学习困难的学生（以下简称"学困生"）是难免的。这就需要教师掌握产生数学学困生的原因，对症下药。数学学习困难（Mathematical Learning Disabilities，MD）是指儿童具有正常的智力和受教育机会，由于数学学习能力缺损而导致在数学学习上明显落后于同年龄或同年级水平的现象。[1] 目前学术界认为造成学生学习数学困难的原因主要有神经心理学、认知心理学及教育因素等。

（一）认知心理学视域下的数学学习困难

数学学习活动是一项复杂的认知历程，从对基本概念的理解到数学问题的解决，从模型建构到数学应用等，任何一个环节出了问题都会导致数学学习困难。认知心理学认为工作记忆是数学学习活动的重要支持系统，工作记忆中的语音环路、视觉－空间模板和中央执行都与数学问题解决相关。

有关研究表明，学生语音工作记忆、视觉—空间方面与执行功能的缺陷是造成数学低成就的重要因素。如语音环路出现问题的学生，他无法理解应用题背后的出题意图，无法在通常时间下完成记忆工作，其学习行为停留在短期层面上，所学知识仅能在课堂中记忆和应用；若视觉—空间出现问题，学生无法理解与空间信息相关的知识点，比如对三视图的理解存在困难，影响空间信息的编码转换，造成学生视觉空间信息加工能力困难；若中央执行功能出现问题，学生在抑制无效信息、转换信息形式、更替信息和辨别信息方面存在缺陷，就会成为无法辨别信息及将所得信息有效化的学困生。

学者巴德利（Baddeley）将中央执行功能分离为对于双任务的协调、抑制无关信息的干扰、策略转换以及对于长时记忆中信息的保持与操纵四

---

[1] 赵微. 学习困难儿童的发展与教育 [M]. 北京：北京大学出版社，2011：105.

种。❶国内外的研究显示，数学学习困难的学生不能有效抑制外界干扰可能是他们视觉—空间工作记忆存在缺陷的主要原因之一。有研究者指出，执行功能的失败主要归因于工作记忆的实际容量或功能容量不足。在学生中，具有不同工作记忆容量的个体在采用出声、手动、心理计数、竖式、分解、凑整、猜测和放弃等策略时表现出显著差异，尤其在算术认知策略的执行方面存在明显的差异。❷加工速度也是影响工作记忆的一项重要因素。数学学习困难学生加工信息的速度要比正常儿童慢。工作记忆的不同部分会影响学生的数学成就和学习。例如，在视觉—空间能力上有问题，那么在修正数字信息、易混符号、冗长数学，或旋转与空间相关的数字信息的解释方面就会存在困难，如果在语音环路、中央执行上有缺陷，那么解决数学任务的能力就比较差。❸

（二）神经心理学基础下的数学学习困难

近几年关于学困生的研究不局限于认知心理学，神经心理学也成为备受关注的研究取向。研究者们试图从大脑的神经系统、遗传基因等探究数学困难的根本原因，并且取得了有力的证据，一方面验证了认知心理学对数学学习困难的研究；另一方面也有新的突破，比如空间计算失能问题主要与右脑功能有关，如果右脑受到损伤，则会在对数字信息的空间表征和一些概念性的问题上存在缺陷（如对位值的理解、列竖式等），与阅读障碍不共存。如果左脑功能损伤，则与事实提取困难问题有关，最显著的特征是从长时记忆中提取算术事实比较困难，并且与某种形式的语言和阅读障碍共存。也有研究显示，如果左脑受损的学困生会在数学符号中的中介系统、在语义记忆中检索数的事实、简

---

❶ 赵微.学习困难儿童的发展与教育 [M].北京：北京大学出版社，2011：35.

❷ 陈英和，王明怡.工作记忆广度对儿童算术认知策略的影响 [J].心理发展与教育，2006（2）：31-37.

❸ 黄大庆.数学学习困难的鉴别与辅导 [M].北京：北京交通大学出版社，2015：44.

单线性等式的运算中发生困难，而右脑有问题的学生则在调整思考或视觉—空间组织的数学实操方面有问题。

有研究表明，基因对数学能力的遗传性有一定的影响，马佐科（Mazzocco）研究了基因对数学学习困难学生的影响，结果表明患有特纳综合征、X染色体易裂症的女孩更有可能产生特定的数学学习困难。特纳综合征女孩更容易产生与视觉—空间能力有关的错误，比如计算上的对位错误；患有X染色体易裂症的女孩能够计数、阅读与书写数字，但她们在计算规则，比如基数与常数方面存在困难。然而，有趣的是，患有特纳综合征女孩的视觉—空间总成绩与数学成就不相关，而X染色体易裂症女孩的视觉—空间总成绩与数学成绩却相关。这些研究为数学学习困难这个现象提供了证据，但是还有许多未解之谜期待研究者们去研究。

（三）教育因素影响下的数学学习困难

有学者认为，对于上述原因导致的学困生在我们实际教学中比例是6%~11%，但还有的学者认为这一比例过大，真正由于生理或者智力缺陷导致数学学习困难的儿童在实际教学中所占比例并不是很大，很多数学学习困难的学生主要是教育方法不当造成的。诚如苏联心理学家苏霍姆林斯基所言，造成学习困难的主要原因多在于后天的教育环境、教育方法不当。教育方法不当会导致学生学习困难累积、学习的内在动力消失。他认为每一个到学校接受教育和学习的学生，其学习动力来自对知识的渴求、对未来的憧憬、对自我能力的那份自信以及对教师的尊敬等。❶

导致学生数学学习困难的因素除了先天因素外，也会受到个体生物学因素、家庭教育环境以及学校教育等外部因素的影响。这些外部的非智力因素对

---

❶ B.A.苏霍姆林斯基.给教师的建议[M].于长霖，译.杭州：浙江人民出版社，2021：46.

学生学习数学的影响较大，它们对学生的学习心理过程发挥驱动、导向、维持和强化的作用。

1. 学生个体生物学因素

皮亚杰将儿童认知发展划分为四个阶段：感觉运动阶段、前运算阶段、具体运算阶段与形式运算阶段。中小学正处于认知思维发展的关键时期，教师掌握青少年心理学和教育科学的理论在教学中会达到事半功倍的结果，在学生的"最近发展区"处发力，便于有目的、有计划地发展学生的数学思维。现实生活中，造成学生数学学习困难的原因除了认知心理学上的因素外，学生的个人心理因素、性别、语言理解能力、学习风格、学习动机、学习态度及认知准备都是影响数学学习的重要因素。

①缺乏自信。通过查阅大量的文献资料并结合实践教学中的日常观察，研究者们发现"学习困难的学生"学习自信心不足是普遍现象。数学学习的失败经历一次次击打着他们的信心，反复失败的过程让他们对自己的数学学习能力产生质疑，经常会有学生抱怨自己"我就不是学习数学的材料""世界上为什么会有数学这么讨厌的东西"等。有研究结果表明，学困生的元认知水平低于普通学生，存在懈怠、抵触、社会适应和行为问题，有自卑、自暴自弃以及自我贬低的倾向。

②不良情绪。每个人在学习数学的时候，都会产生一定的情感体验，或愉悦、或满足、或烦恼、或焦虑等。通过研究和实际观察，可以看出数学学习困难的学生在学习数学时的体验经常伴随着焦虑、不安或者厌烦的情绪，接近一半的学困生在考试前总是担心考试失败后会受到家长、老师的责骂，同学的嘲讽，因而对数学产生恐惧感，久而久之，就会产生考试焦虑综合征。过度的焦虑不仅会搞砸一场又一场的考试，而且还伤害了学生的心理，出现自我评价过低、信息不足以及动机不强等现象。

③性别差异。有关男女生在学习数学上差异方面的研究较多，每个研究从

不同角度来研究性别对学习数学产生的影响所得出的结论都有所不同。但就总体而言，男女性别在数学学习方面差异并不显著。但在某些方面则存在显著差异，比如，空间关系和逻辑推理方面，男生占优势，但在数学语言、数学运算方法的运用上，女生则有较大优势。美国数学教育家曾经做过大量的研究和实验，他们认为数学学习能力的性别差异在少年时就已经表现出很明显的特征，并且这种差异随着认知水平的提高和年级的升高，有拉大的趋向。这个研究结果也在部分老师和学生身上得到证实。比如令高中老师苦恼的是：教学中经常遇到这种情况，无论教师如何举例、解释甚至画图都不能使班级上学习比较优秀的女生理解几何原理和几何题等。

我国学者也做了大量的研究，有的认为性别在数学学习中总体上有显著差异，认为男生强于女生，但也有研究显示，尽管男生在数学思维上略占优势，但在统计上并没有显著差异。还有的研究认为男女生在数学学习上各占优势。

另外，男女生在数学学习上是否存在差异，要根据实际教学的情况而言。同一班级内，有的班级内的男女学生在数学学习上不存在显著差异，但是有的班级内的男女学生在数学学习上存在显著差异，这需要教师根据观察和一定的测查量表甄别、诊断，方可判断有无差异以及差异大小的问题。

④语言理解能力。数学是有其独特的语言符号的，数学的语言主要包括文字语言、符号语言以及图形语言。弗赖登塔尔（Freudenthal）告诉我们："数学学习就是要通过数学语言，用它特定的符号、词汇句法和成语去交流、去认识世界。"❶数学文字语言的准确、精练，数学符号语言的简洁、抽象，数学图形语言的直观、鲜明等特点都需要学生在学习过程中能够灵活运用，并能自如地进行三者互译。互译的关键是对抽象数学符号的理解，要赋予它具体的内容和形象，在三者互译的过程中深化思维、增进思维的灵活性和创造性。❷

❶ 弗赖登塔尔．作为教育任务的数学 [M].陈昌平，唐瑞芬，译，上海：上海教育出版社，1995：63.

❷ 余晓敏，韩娟．突破儿童数学学习困难 [M].武汉：华中科技大学出版社，2017：37.

不同的学段，造成学生数学学习困难的原因稍有差异。在小学阶段，学生的语言和阅读能力正处于不断发展的阶段，小学生的字词识别和文字理解能力直接影响学生的数学理解。在解决数学应用问题时，学困生可能面临着无法理解题目的困境，这时候他们可能会采取猜测和武断的方式，导致对题意的误解。因此，学生在数学学习中的阅读理解能力对于正确理解和解决应用题至关重要。

初中阶段，学生对数学符号理解的困难在于从算术思维过渡到代数思维。造成初中学生学习数学困难的原因之一是对数学符号语言的理解能力存在较大差异。抽象思维较好的学生在从小学的形象思维过渡到初中的抽象思维的时候比较容易，但抽象思维较差的学生则感到有较大的困难。比如，对"字母表示数"这一新概念的理解，就体现了思维的不同层次，有的学生对"小明的爸爸比小明大 25 岁，如果用 a 表示小明的年龄，那么 a+25 表示小明爸爸的年龄"不能理解。其原因在于学生的抽象概括能力比较弱，思维的深刻性不足，还停留在算术思维层面。

⑤认知准备缺陷。认知准备是影响学生数学学习的重要因素。在学习数学时，学生获取新知识的速度与效果，既与新旧知识之间的相似性有关，又与原有数学知识的丰富程度、熟练程度等因素相关。通过数学学习，学生会在大脑中形成数学知识网络。知识网络中的节点是数学概念，联结点与点的是数学思想与方法。当学生面临新的教育情景或者运用数学知识解决数学问题时，就要从这个网络关系中提取相关联的知识、思想或方法，并把它们与新学习的知识建立起有意义的联系。反之，如果学生学习新知或者解决数学问题时，所需要的知识、思想或方法在原有的认知结构中缺失，或者头脑中具有这个知识点，但它们是杂乱无章地储存在学生的认知中，没有与同类知识建立联系，提取所需要的知识必将受到阻碍，从而增加学生对数学知识的理解和掌握的难度，使他们无法找到解决问题的思路和办法。

2. 家庭因素

在实践教学中，经常听到老师们抱怨"5+2=0"，其中的"5"指的是学生在学校接受五天规范的习惯养成，"2"指的是周末在家休息两天，"5+2=0"指的是学生在学校接受"五天"培养后，学习习惯或者学习态度刚刚有所起色，经过周末两天的家庭生活熏染，培养成效归零，形象地指出家庭教育在其中起到阻碍甚至拖后腿作用的教育现实。教育界还有一句名言："一个问题孩子的背后必然有一个问题家庭，如果说家庭是复印机，那么家长就是原件，孩子就是复印件。"家庭教育的重要性显而易见。

家庭方面造成学生数学学习困难的原因主要有以下几个方面。

①家长的教育观念。家长的教育观念对孩子一生的发展都有重要的影响。部分家长有这样的观念，认为孩子交给学校了，自己就可以不管不问了，没有与学校、社会协商，共同担负教育的责任。育人是全面的，但是很多家长只看重学生的学习成绩，忽略学生的全面发展，造成学生的学习压力过大、身心健康受损，从而对学习产生了不良的心理问题。

②家长的教育方式。在家庭教育中，一些家长采用了较为简单粗暴的教育方式，显著缺乏关爱和耐心，而且未能深入了解孩子的内心世界，无法洞察孩子的思维和感受。这种教育方式缺乏对孩子个体差异的认知和对其情感需求的理解，未能提供正确的引导。学术研究指出，家长在教育过程中应注重建立积极的亲子关系，关注孩子的心理发展，采用更为细致入微的教育方法，以促进孩子全面发展并建立良好的心理健康基础。目前，家长中存在三种现象：第一种现象是家长对孩子分数的过分偏执和狂热，喜欢拿自己的孩子和别人的孩子在分数上作比较，出现了"别人家的孩子"的教育怪胎，高期望换来孩子惧怕失败的心理，挫伤了学习数学的积极性，降低了学习数学的动力，导致数学学习困难。第二种现象是父母对孩子低期望、低要求，他们的思维是一种固定性思维，认为自己的孩子在智力、能力、特长等方面都没有太大的发展空间，对

孩子的期望仅仅是认识几个字，将来能够生存即可，这深刻影响孩子的发展。我国脱贫攻坚项目有句名言"扶贫先扶志"，在教育中也是如此，要想让学生好好学习，先要"扶志"，有了远大的志向，才能有强烈的动机好好学习。第三种现象是受过高等教育的、高学历的家长，他们认为孩子就该散养，小孩子应该像田野里的小树，自由成长，不要给孩子任何束缚，教师最好少干预，顺其天性，由此出现孩子学习习惯不好、学习态度不端正现象，导致孩子行为散漫，对学习数学提不起任何兴趣。

③家庭教育环境恶劣，文化教育氛围较低。通过调查发现，部分数学学困生的学习资源有限，比如家庭经济条件差、学习资料匮乏、学习环境差、家长受教育水平所限不能指导学生的学习等，学生在家庭教育中感受不到父母的尊重，从而丧失学习自信心。家长不能言传身教、以身作则，不健康的生活习惯或者生活作风对孩子的成长起了不良影响。比如沉迷于手机、醉心于酗酒的行为或者拖沓懒散的精神追求导致孩子也有样学样，从小就养成了很多不良的生活习惯和学习态度。

3. 学校因素

学生在学校学习，学校中教师、同伴，教学方式，班级文化的创建以及班级规模的大小都对学生产生深远的影响。要注意以下几方面。

①教师观念与行为对学生的不良影响。教师的观念与行为直接影响学生学习动机的激发、学习兴趣的调动。差异教学对教师的首要要求即是转变教学观念，尊重每个学生的差异性，将差异作为教学资源而不是作为教学的累赘和负担。"促进班级内每个学生最大限度地发展"不是口号，而是一种理念。教师在教学中需要秉持"尊重差异、欣赏差异、差异发展"这样的理念教学，"面向每一个学生，使学生学好数学，得到全面发展"。根据加德纳的多元智能理论，学生的发展不只有"成绩"，还包括其他方面的智能，教师如果只把"升学率"作为衡量学生发展的标准，把提高班级学习成绩作为中心任务，毋庸置

疑，大部分的注意力和精力只会都放在学习优秀的学生身上，对学习困难的学生要么置之不顾，要么降低要求，出现"皮格马利翁效应"的反效应，低期望、低要求将导致学困生越来越不自信。

②教师因材施教方法的缺失。教学中，困扰老师最大的问题是如何采取有效的方法帮助班级内有学习困难的学生。比如，有的学生学习数学时非常刻苦，学习态度也非常认真，按时完成作业，但数学上没有太大的进步，成绩也排在班级后几名。对于这样的学生，教师也想帮助他进步，但是由于不了解造成其数学学习困难的主要原因，因此在教学方式上不能采取有针对性的、差异化的方法进行指导，"心有余而力不足"的现象常常让教师陷入迷茫。

③同伴榜样作用的消失。学生成长离不开同伴对他的影响。美国著名心理学家班杜拉（Bandura）认为同伴榜样对儿童的学习行为有重要影响。[1]按照心理学家的说法，同伴学习对学困生的影响有其积极的一面也有其消极的一面。班级中，学习优秀的学生对学困生的发展起到积极的影响，学优生的学习态度、学习方法、思维水平是学困生学习的榜样，尤其在思维发展方面，学优生良好的数学思维经常会启发、点拨学困生的思考，帮助学困生从解题的困局中解脱出来。但教师如果没有鼓励学优生发挥榜样作用，学困生会凑在一起，也许抱着"破罐子破摔"的心理，放弃对数学的学习，扰乱课堂教学秩序或者自顾自沉迷于某件事不能自拔，这样的结果加重了数学学习困难。

④和谐民主的学习氛围的营造。为了使每个学生都能够自我发展，教师需要创设积极向上、民主和谐的学习氛围。创设和谐民主的学习氛围的首要任务就是承认学生的差异、尊重学生的差异并且做到照顾每个学生的差异。因此需要教师创造积极向上的、民主和谐的班级文化，悦纳每个孩子，尊重他们的差

❶　阿尔伯特·班杜拉.社会学习理论[M].陈欣银，李伯黍，译.北京：中国人民大学出版社，2015：134.

异和个性。正如教育家怀特海先生倡导的"学生是有血有肉的人,教育的目的是激发和引导他们的自我发展之路"。

⑤班额过大产生的教育忽略。世界银行曾经做过调查,班级容量的大小对学生的学习会产生一定的影响。研究显示,班级容量过大或者过小,都不利于学生的学习。班级容量过大的话,教师关注每个学生的机会就会减少,学生被提问与训练的频率降低,参与学习的机会减少,课堂秩序不容易控制。对于数学学困生来说,在这样的教育环境中,容易被"集体忽略",慢慢失去学习兴趣,加重数学学习困难。在班级容量较小的班级中,尽管学困生受到很好的关注,但是教育成本也会增加,特别是在学习同伴很少的情况下,学优生对学困生的积极影响也在降低,学困生依然会感觉到学习困难。

二、数学学习困难的诊断与甄别

学术界对数学学习困难形成的原因并没有完全研究清楚,但是对于数学学习的诊断和鉴别基本形成了统一的标准和手段。纵观世界数学学习研究领域,当今关于数学学习困难甄别的手段主要有:成绩临界点法、IQ – 差异模式、反应—干预法以及临床诊断法等。

(一)成绩临界点法

成绩临界点法是指对学生进行单一的测验,然后由高到低将测验成绩排序,并将测验成绩处于某一临界点之下的学生视为数学学习困难。[1] 不同的研究所采用的临界点有很大差异。临界点的范围从大于10%到小于46%,这种界定方法被频繁地使用于教学与研究中,但是由于其界定范围10%~46%的宽泛性,导致研究样本之间的异质,掩盖数学困难的实质缺陷。因此,确立统一

---

[1] 黄大庆.数学学习困难的鉴别与辅导 [M].北京:北京交通大学出版社,2015:51.

的、精确的、能够区分学困生与普通学生之间的临界点至关重要。运用临界点法鉴别数学学习困难学生的工具也存在差异，比如有的运用标准化的数学测验，有的运用智力测验，还有的使用日常测试题目。根据测试结果来界定数学学习困难是存在较大争议的。

目前，我国学者对这种方法进行了优化，基本做法是根据成绩临界点法选出数学学习成绩较低的学生，然后对他们进行智力检测，排除低智力的学生，最后辅助临床评定排除其他因素。比如有学者对学困生解决简单加减法的认知特点进行研究时，采用数学成绩居全班后 5 名、数学能力综合评定为"差"以及智力检测结果正常三个必要条件选择被试。但这种界定学困生的方法很容易将范围扩大化，很难考虑文化刺激不足因素和非智力因素的影响。

为了改进此种方法，有研究者在第一种研究方法的基础上，辅助临床评定排除感官障碍以及文化刺激不足等因素的影响。比如有研究者在筛选数学学习困难学生时，采用成绩临界点法选出成绩排序靠后的几名学生，通过《瑞文标准推理测验》检测智力，再由班主任和数学教师对其数学学业成绩、思维品质等方面进行评定，辅以与学生本人座谈等结果，了解这些学生的学习动机，情绪表现及家庭情况，排除因动机低下、情绪障碍或家庭原因导致的数学学业不良。这种方法其实是一种个体间差异评定法，忽视了个体内差异，有可能排除因心理过程缺陷及能力表现不充分的个体。❶

（二）IQ – 成就差异模式

鉴别数学困难的第二种方法来自 IQ 与成绩之间的差异，也就是 IQ – 成就差异模式。柯克（S.A.Kirk）将特殊的智力缺陷与整体智力间的差异作为学习障碍的特点，这种界定方法主要基于内部个体差异的障碍定义。其核心是比较学生的实际成绩与智力测验所测量的智商，其诊断标准主要依据学习困难

---

❶　向友余，华国栋.近年来我国数学学习障碍研究述评 [J]. 中国特殊教育，2008（7）：62-67.

的诊断模型，即根据美国学习困难联合委员会设定的纳入（标准化成就测验分数显著低于正常水平）、排除（学习困难不是由其他诸如感官问题、智力发展落后或文化差异等原因导致）和需求（需要接受特殊教育辅导）三个确认标准。❶ 这种 IQ - 成就差异模式被广泛应用于数学学习困难的界定研究与临床诊断上。如果在筛选时，学生的数学学业成就显著低于他智力应有的预期水平，就可将其界定为数学学习困难。有研究者将数学学业成就处于末端（比例基本为 20%~25%），并且 IQ 成绩低于普通水平的学生界定为数学学习困难学生。

在数学与心理学领域，研究者们基于 IQ - 成就差异模式提出了四种诊断数学学习困难的方法，包括年级水平离差法、期望公式法、标准分数比较法以及回归分析方法。这些方法旨在通过不同的数据分析手段来评估学生在数学学习上的困难程度。

①年级水平离差法就是以被试在其班级成绩中的分布位置来确定其学习困难，通过比较学生的数学水平与其所在年级的平均水平之间的差异来进行评判诊断。比如，我们经常会听见教师说"我们班有十几名学困生"或者"我们班里差生（特指数学学习成绩较低）太多了"，这里筛选出来的十几名数学学困生主要依据的就是年级水平离差法，也就是将全体学生的数学学业成就排名，排名后十几名学生与班级平均成绩之间的差距较大，从而教师将其界定为数学学习困难的学生。这种界定方法由于容易理解、操作简单，在教育实践中经常使用。

②期望公式法指利用期望学习成绩与实际学习成绩之间的差异来判断学习困难。对于期望公式法学者们提出了不同的计算公式，比如约翰逊（Johnson）和迈克尔巴斯特（Myklebust）提出的学习商数，表示期望成绩与实际成绩之间的差异，如果这个数低于 90，则被认为是数学学习困难。美国教育办公室也提

---

❶ 向友余，华国栋.近年来我国数学学习障碍研究述评 [J].中国特殊教育，2008（7）：62-67.

出严重差异水平的概念和公式等。期望公式法旨在通过一系列数学运算，将个体的表现转化为可比较的数值，以便对个体之间的差异进行量化分析，虽然其指导思想是正确的，但正如一些批评者所指出的，期望公式法最为突出的问题就是常模标准的不一致性。在实际操作中，由于各种原因（如样本选择偏差、数据采集不规范等），常模的设定往往难以达到理想状态。这就导致在不同评估机构或不同时间点上，即使使用相同的期望公式法，也可能得出截然不同的评估结果。

③标准分数比较法也是一种数学学习困难诊断方法，其步骤为将智力测验和学绩测验分数转化为标准分数，然后对这些标准分数进行比较，如果学业成绩低于智力的 1~1.5 个标准差范围，则被认定为存在数学学习困难。这一方法具有简单易用的特点，并较好地反映了差异模式的思想。值得注意的是，该方法在公式中考虑了测验的信度，这在方法的进步中起到了积极作用。然而，该方法的不足之处在于将智力测验成绩直接等同于期望成绩，这一做法可能存在一定的不妥当性。智力测验虽然提供了一种评估认知能力的手段，但数学学习涉及多方面的因素，将智力与期望成绩简单等同可能忽略了其他影响数学学业表现的重要因素。因此，在使用标准分比较法时，需谨慎考虑其在全面了解学生学业表现方面的局限性。

④回归分析方法则通过分析数学学习成绩与其他相关变量之间的关系，通过回归方程对期望达到的成绩水平进行预测，然后通过差异 Z 检验将预测值与实际成绩进行比较。这一方法的独特之处在于能够更全面地考虑智力和学业成绩之间的多方面因素。通过回归分析，能够更为准确地比较智力与学业成绩之间的差异，从而提高对数学学习困难的准确诊断能力。❶

这些方法的综合运用有助于更全面地了解学生在数学学科上的困难，并提

---

❶ 黄大庆.数学学习困难的鉴别与辅导 [M].北京：北京交通大学出版社，2015：53.

供有针对性的教育干预措施。基于不同的评估标准，上述四种方法可以划分为个体间差异法和个体内差异法两大类。个体间差异法是将被测试者的数学学业成就与同年级或同年龄学生的平均水平进行比较，年级水平离差法属于典型的个体间差异法，其判定依据是被试者的成绩是否明显低于同年级的平均水平，从而被归类为学困生。个体内差异法则是将被试者的数学学业成就与根据智商计算的期望学业成绩相比较，期望公式法、标准分数比较法及回归分析方法属于个体内差异法。个体内差异法的判定标准通常基于学业成绩与期望学业成绩之间的显著差异，一般为 1 或 1.5 个标准差。

（三）反应—干预法

反应—干预法是鉴别数学学习困难的有效方法之一，其核心思想在于通过相同的教育干预措施后，对比学生的学业成绩。如果某些学生在干预后的成绩显著低于同年龄组儿童的平均水平，那么可以推断其可能存在学习困难，需要进行深入的诊断和专门的治疗。在研究领域中，反应—干预法体现了一种基于实践干预的动态评估方法。通过实施相同的教育措施，研究者可以观察学生的学业表现变化，从而推断其潜在的学习困难。这种方法对于及早发现学习问题、提供个体化的干预方案以及评估干预效果具有重要意义。通过系统的观察和分析，研究者能够更全面地了解学生的学习过程，为个性化的教育干预提供科学依据。

（四）临床诊断法

对于大多数服务于教学一线的教师来说，对数学学习困难的鉴别主要采用的是临床诊断法。临床诊断法的主要特点在于其将学生在具体学习活动中的学习行为表现置于核心位置，以此为基础进行深入的分析和诊断。该方法首先进行初步筛查，随后根据学习障碍的定义逐一考查学生的学习行为。从研究者的角度来看，临床诊断法体现了一种以实际学习行为为核心的深入研究和评估策略的思想。这一方法强调对学生学习过程的实际行为进行深入研究，旨在深刻了解学习障碍的具体特征和表现。通过详细的观察和考查，研究者能够为学生制定个性化的干预方案提供更加准确的依据，并为理解学生在学习活动中所面临的具体困难提供深入的见解。这种方法强调个体差异和实际学习情境的综合考量，有助于提高学习困难的诊断准确性。

具体的做法是：首先对个案进行临床观察或学习行为检核，筛选出可疑的个案；然后再对可疑个案进行智力或能力以及心理缺陷的检测，最后选出符合条件的个案认定为数学学习障碍。比如在具体筛选学困生时，首先由班主任和数学教师对学生的数学学业成就、思维品质、态度动机等诸方面进行评价，选择数学学习困难而阅读正常的学生，然后对他们进行智力测试；最后再通过与班主任、学生本人以及家长的访谈，了解他们的学习动机、学习态度、情绪表现以及家庭情况，排除上述原因导致的数学学习困难。

三、学困生的指导策略

研究者们认为要提高学生的学习成绩和学习自信心，需要将重点放在学业和社会技能的发展辅导上，在干预与指导过程中，不再仅仅纠结于学生困难产生的原因和机理，而是强调教师教学实践的重要作用，从而产生了学业技能模式。这种模式重点强调学习行为、学习潜能以及学习成就之间的差异，如果这样的差异超过一定的标准，那么就可以认为该学生具有学习障碍。学业技能模式包括行为塑造法和详细的学习指导法，前者重视目标与行为改变之间在时间上的衔接性，认为强化是改变学生学习行为的有效方法，后者强调学生日常教育的精细化，尤其重视教育方案的细节和可操作性。

随着干预模式理论的丰富，信息加工模式和综合干预模式相继应用于学困生的学习，信息加工模式注重元认知系统对学习的影响，综合干预模式主要是为了规避单一干预或训练方法不能对所有的数学学习困难学生都有效的问题。综合干预模式的基本方法有补偿法和补救法，补偿法就是扬长避短，补救法是帮助学生修正缺陷，直到困难得到解决。但是无论是补偿法还是补救法，单纯使用一种方法都不会起到很好的改进效果。学习困难是由于种种缺陷所致，针对缺陷进行必要的教育训练，可在一定程度上矫正和补偿缺陷，减少学习的困难，提高学习的成就；但每个学生又有其优势，潜能所在不同，如不从学生素质特点出发，只按照教师、家长志愿去发展学生，往往事倍功半。所以差异教学提出了扬优补缺的辅导训练方法。

未来社会需要多样化的不同层次人才，因此，教育应发展学生的个性特长，让他们得到充分发展。

虽然干预与指导学困生的方法和策略有多种形式，早期研究者运用医学模式、心理加工过程模式干预学困生的学习，但是通过一段时间的实验验证，发现单纯从医学角度、心理加工角度干预和训练学生的学习，其效果非常有限，学生的成绩并没有大幅度提高。研究表明，对于学困生的辅导与训练关键在于教师的指导。

第二节　数学学习优秀学生的界定与甄别

本节中数学学习优秀学生并不特指数学超常学生，普通班级中那些对数学具有强烈的学习兴趣、在数学学习和解决问题的过程中表现出或有潜在的明显超越一般学生能力的学生，都可以称为数学学习优秀学生。

一、数学学习优秀学生的界定

谈到数学学习优秀的学生，很多人会想到具有超常数学才能的超常儿童，比如我们最熟悉的少年高斯、欧拉、拉普拉斯或者其他数学界耳熟能详的数学家，这些数学家在很小的时候就表现出超常的数学才能，但是这样的人是可遇而不可求的。日常教学中，教师可能几十年才会遇到一个，因此我们对数学学习优秀的学生采用美国全国资优教育研究中心主任、康州大学资优教育计划负责人伦朱利（Renzulli）博士的资优观点，他对资赋优异的看法有别于其他专家学者。他并不重视智商的突出，认为IQ只要达到中等就可以了，但必须具备两个特质：第一，具有高度的创造性；第二，具有高度的工作热忱。两者皆可以通过后天培养和增强。教师若能使用不寻常的方式来引导学生学习固定的教材，虽则教材是死的，教学过程却可以生动、活泼，带动学习的兴趣，引发创造力，这样的教师便是一位有创意的教师。创造性是每个人都可能具有的，就看如何去培养或激发。至于什么是高度的工作热忱呢？比如，有这样一位小朋友，他对数学特别喜爱，幼儿时已经在很轻松自然的情况下超越学习了。他每天晚上睡觉前，一定要妈妈出十道数学题目给他做，否则就睡不着觉，这就是对数学的工作热忱。有了高度的工作热忱，就可以把潜力发挥出来，这就是资优行为的表现；即使智商只有中等水平，只要具备高度创造性和高度工作热忱，就可以成为资赋优异者。因此，先天具有的潜能，并不能决定个人日后的成就；一个人的成就主要决定于其潜能发挥的程度。也就是说，一个人是否最后有所成就，最重要的因素是努力，而不是智力。

二、数学学习优秀学生的甄别

数学才能在童年早期就能形成，其中大部分是以计算能力——数的运算能力的形式出现的，当然，确切地说，计算能力还不能算是数学能力，但是在这个基础上常常可以形成真正的数学能力——推理的能力、求证的能力和独立掌握数据的能力。[1]克鲁捷茨基总结数学学习能力强的学生的典型特征如下。

（一）能把数学材料中具体的问题抽象化

在感知数学材料时，能够迅速实现对其形式化的抽象，即对于特定问题或数学表达式的结构形式的即时理解。在这个过程中，个体元素（如实际数字或具体材料）仿佛消失了，留下的只有能够辨认问题或数学表达式类型的纯粹标志。这种能力表现为对数学结构的深刻理解，超越了具体内容的表面意义，而专注于抽象的数学形式。这种感知能力使得个体能够在数学领域中更高效地分析问题和理解数学概念。形式化的感知就是一种函数联结概括化的感知，这种函数联结是从具有不同细节的对象以及具体数字中抽象出来的。在解决问题时必须能从具体属性中抽象出形式来，以及在具体事实中找出一般的联系来。斯泽凯利（L. Szekely）指出，创造性思维的一个基本特征就是主体能在一般形式中"抓住"结构关系。[2]能把不同内容的纯粹形式抽象出来，这就是数学思维的特征。这种迅速的分析和综合能力表现为在感知数学材料时，个体能够敏锐地识别问题类型，快速定向，为后续解题提供正确的认知方向。在心理学领域，这可以被解释为高度发展的认知加工和问题解决技能。这种能力可能源自对问题结构的深刻理解，以及对数学模式和规律的敏感性。通过迅速抽象和辨识问题的本质，个体能够更有效地选择和应用适当的认知策略，为解决问题提供了准确的认知导向。这种心理过程有助于提高解决数学难题的效率和准确性。

---

[1] 华国栋. 你也能出类拔萃——普通班的超常教育 [M]. 北京：北京工业大学出版社，2009.

[2] 克鲁捷茨基. 中小学生数学能力心理学 [M]. 李伯黍，洪宝林，艾国英，等，译. 上海：上海教育出版社，1983：285.

（二）解决问题时信息加工具有很强的概括能力

数学能力强的学生解决问题时信息加工的特点表现在，有很强的概括数学对象、关系和运算的能力。由于数学符号和抽象数字本质上就是对现实对象、数量关系和空间关系的概括，因此，概括数学对象、数量关系以及数学运算的能力被视为一种独特的抽象推理能力。这种能力使个体能够超越具体情境，捕捉并理解广泛范围的数学概念和关系。在认知科学中，这被认为是一种高级的认知能力，涉及将具体经验抽象化为普适的数学原则，从而扩展对抽象概念的理解。这种概括能力不仅使个体能够更深入地理解数学结构，还为解决更为抽象和复杂的数学问题奠定了基础。能力强的学生不需要比较"类似性"，不需要特别的练习或者教师的提示，就能"立即"独立地概括数学对象、关系和运算，掌握只根据一个例子的分析就能扩展到许多类似现象中去的方法。他们把每一个具体的问题都立即看成是某个类型的各种问题的代表，并且用一般形式去解答。如解答这样一个问题：一本书的价钱是一个笔记本的 4 倍，一个笔记本比一本书便宜 15 元，买一本书和一个笔记本各花多少元钱？有能力的学生会这样想："我们要找到一个数，这个数比已知数大若干倍，同时又多多少……"他们总是希望得出一般方法，而不是就题论题。具有强大概括能力的学生不仅能够快速而广泛地理解数学材料，而且在处理特殊例子时能轻松地发现其中的本质和普遍性。他们具备在看似不同的数学式子和问题中识别潜在普遍性的技能。此外，他们还擅长概括解题方法和运算法则。在认知心理学中，这种能力被描述为学生具有高度的抽象思维和归纳推理能力。这种能力使他们能够深入理解数学的核心原则，并能够将这些原则应用于各种具体情境和问题中。他们的概括能力不仅体现在理论层面，还表现在解决实际问题和应用数学知识上。

概括能力和辨别能力紧密联系，数学能力强的学生能敏锐区分相似的材料。如克鲁捷茨基在《中小学生数学能力心理学》这本书中列举了这样的例子：第一个问题是一个人以每小时 2 公里的速度上山，并以每小时 6 公里的速度下山，求平均速度。第二个问题是一个步行者以每小时 6 公里的速度行走，走了一段路之后，他感到疲劳，把行走速度减慢到每小时 2 公里。走完全程所用总时间中有一半是以每小时 6 公里行进的，有一半是以每小时 2 公里行进的，求平均速度。❶ 能力一般的学生会认为这两道题没区别，答案是每小时 4 公里，而能力强的学生能一眼看出两道题的区别，答案分别是每小时 3 公里和每小时 4 公里。在第一个问题中两种速度所走的距离相等；在第二个问题中，两种速度所花的时间相等。数学能力强的学生不仅能概括问题，而且还能综合解题的方法，概括出一般的推理方法。学习能力强的学生在解决典型问题时，可以把推理迅速压缩到最大限度，甚至遇到新问题时，也基本倾向于用缩短的结构和省略的推理去思考如何解题。

（三）数学心理过程具有很大的灵活性和机动性

数学能力强的学生在解答数学问题时，他们会毫不困难地从一种心理运算转换为另一种心理运算。这种认知灵活性使他们能够在抽象的数学概念与具体的问题情境之间无缝切换，同时在不同数学表达式和问题之间找到共通性。这种机动性反映了学生对数学领域的深刻理解和他们能够跨越不同数学概念的能力。他们在解题时力求简明。如有这样一道题："父子二人分别从家里步行到学校，父亲需要 40 分钟，儿子需要 30 分钟，如果父亲比儿子早离家 5 分钟，那么多少分钟后儿子能赶上父亲？"能力强学生的解法是"父亲比儿子早离家 5 分钟，比儿子晚到学校 5 分钟。那么儿子赶上父亲正好是在半路上，那就是 15 分钟"。❷

---

❶ 克鲁捷茨基. 中小学生数学能力心理学 [M]. 李伯黍，洪宝林，艾国英，等，译. 上海：上海教育出版社，1983：306.

❷ 克鲁捷茨基. 中小学生数学能力心理学 [M]. 李伯黍，洪宝林，艾国英，等，译. 上海：上海教育出版社，1983：245.

（四）数学记忆具有较强的概括性和有效性

这与学生在数值与符号领域内能够迅速实现概括化的心理形式以及对一般化关系的敏感性密切相关。这种概括性不仅体现在对特定数学概念的记忆上，更表现为对于各类数学信息的快速抽象和整合的能力。强大的数学记忆使学生能够快速理解并存储数学概念、关系和运算法则，从而提高对数学知识的存储和检索效率。在数字与文字符号的领域，这种记忆概括性显著，因为学生能够将不同的数学表达式和符号背后的普遍原理联系起来。他们不仅能够记忆具体的数学形式，还能理解这些形式背后的通用规律。这种一般化关系的敏感性使得他们在解决新问题、应用数学知识时更为灵活和高效。他们记忆的是他们做过的题目的类型和运算的一般特点，而不是题目的特殊材料或数字。而有些学生在非数学领域有很好的记忆力，能很好地回忆关于事实的具体材料，也能很好地回忆一些思想观念、推理形式等，但在数学关系和数字符号领域却显得记忆力不足。

（五）数学超常的学生身上还有一种数学气质

这个特性的初步形成往往在七八岁时，其特性表现为：努力将周遭的现象转化为数学表达式，持续关注现象中的数学维度，特别关注空间结构和数量之间的关系，探索各种函数之间的相互依存关系，运用数学的视角审视世界。例如，看到售彩票的广告，马上推想可能发生的各种获胜概率；看到工人铺地砖，就估量能否用特定形状砖铺好地面；等等。数学难题对这些学生很有吸引力，也往往能提高他们学习的主动性，并从中得到锻炼。

因此，教师在甄别本班学生数学能力时，可以从以下几个方面重点观察：①数学材料的概括能力，也就是能从表面不相关的事物中找到内在的联系，能在纷繁复杂的现象中抓到本质；②心理过程的转换能力，即能从一种运算到另一种运算或者从一种思维到另一种思维的迅速转换能力；③力求找出最简易、明了的解题方法，解决数学问题时，方法力求简单高效；④对一般化的关系、推理的模式和解答典型问题的方法有良好的记忆力；⑤推理过程的缩短和减少推理的个别环节，思维跳跃；⑥对周围环境形成了一个初级形式的"数学"直觉，即许多事物或现象似乎都是透过数学关系的棱镜折射出来的等。❶

值得注意的是，在评估过程中，建议减少对学生纯粹数学知识的单一考查，而更专注于评估他们的推理能力、空间思维能力以及数学创造力。对于数学创造力的评估应聚焦在学生面对开放性、富有挑战性和新颖性的情境时，是否能够提出深刻问题、将问题与之前学到的知识相联系、灵活选择不同路径解决同一问题，以及是否具备思考一个任务时产生多种解决方案的能力。这种评估方法有助于全面了解学生的数学思维能力，而非仅仅是死记硬背的知识水平。

三、数学优秀学生的培养策略

在基础教育阶段，应该认真对待个体发展的差异，通过科学的评估手段来识别具有数学天赋的学生，并为他们提供与其才能相适应的教育。这一过程是发现和培养卓越创新人才的重要环节。学校在满足数学学习优秀学生需求时，需要采用个性化的教育方法。这包括但不限于采用加速教育、深化数学内容的拓展、实施项目式学习、注重积极心理品质培养等策略。这样的教学方法有助于更好地满足学生的个体需求，提供有针对性的学习体验，促进数学学科中高水平学生的全面发展。

研究表明，在数学知识学习中，优秀学生并非能够跳过认知阶段，而是展现出在感知、理解、保持和应用等认知层次中能够更迅速进展的特质。这凸显

---

❶ 克鲁捷茨基. 中小学生数学能力心理学 [M]. 李伯黍，洪宝林，艾国英，等，译. 上海：上海教育出版社，1983：235-238.

了他们在认知过程中的高度敏感性和加速学习的潜力。如何根据这些数学优秀学生的学习特点，妥善处理循序渐进和加速教学之间的关系，直接影响到学校教育的成败。在实践中，一个行之有效的策略是在循序渐进的教学框架中融入加速教学。这可通过选择难度适中，但仍包含抽象性、理论性、与已有知识相关性以及综合性要素的知识点来实现。具体而言，教学设计应当局部调整教材的逻辑结构，巧妙地将具有相同原理的知识点有机地联结在一起。同样重要的是注重教学反馈机制，动态控制教学进程，使教学的节奏既能够保持迅猛的进展，又能够保证深度的理解，实现教学节奏的灵活性，以张弛相宜的方式促进学生全面而健康的学术发展。这些策略有助于更好地满足数学优秀学生的学习需求，促使他们在数学领域的全面成长。例如，以色列的数学英才培养项目，是从普通学校中选拔学生进行特殊培养。学生在 12 岁左右时进行第一次选拔，被选中的学生每天下午学习两节内容不同于同龄学生的数学课程；14 岁时再次进行选拔，会在课余时间集中学习高难度数学课程；16 岁时进行第三次选拔，学生利用周五和节假日在大学学习正规大学数学课程，但其他课程仍在普通中学完成。❶

对于数学学习优秀的学生，传统的形象化、直观化的教学方式受到新的挑战。众所周知，抽象与具体的关系完全是相对的，作为数学思维成果或对象的抽象物（概念和模式）一经构造出来就具有客观存在性，它又可以成为后继抽象的"具体原型"（或实际背景）。因此，在一条包含着相继抽象过程的"概念链"上，低层次的抽象物相对于高层次抽象物而言都是具体的、直观的。从这个意义上讲，数学教学的抽象化水平也在逐步提升。❷ 因此，将基本原理的形式纳入超常儿童少年的教学中，有助于促进对所学原理的迁移和记忆。这种教学方式为他们将来可能发现新原理提供了深厚的背景。在数学教学中，采用

❶ 张英伯.张英伯文集——数学与数学英才教育 [M].上海：华东师范大学出版社，2021：340.

❷ 陶文中.超常儿童数学教育的策略 [J].教育科学研究，1994（5）：28-32.

基本原理的形式传授知识，强调对数学结构和形式本质的深刻理解，有助于培养学生对抽象数学概念的理解能力，提高他们处理复杂问题和推导新结论的能力。在注重基本原理学习的同时，还需要对数学学习优秀的学生强化基本技能的训练，以克服许多这类群体爱想而不愿多做练习的不良习惯。

例如，在优化数学教学的过程中，可以通过多种方法来提高学生的学习效果。其中，一项关键的策略是适度增加课外练习，确保学生完成必要的课外练习量。同时，为了明确练习的目的并提高练习质量，应该致力于实现练习的科学配餐，这涉及对多个因素的全面考虑，包括知识点的深度、技能项目、与旧知识的联系、练习题的变式种类等。在实际操作中，可以采用一系列灵活而有针对性的练习方式，如定时练习、定量练习、课外思考题自选练习、难题征解及专项数学竞赛等。这些不同形式的练习可以满足不同学生的需求，促使他们在更广泛的数学领域中形成更为全面的认知和应用能力。这一综合考虑各要素的科学配餐方法旨在提高学生的学科素养，培养他们独立思考和解决问题的能力，从而推动数学教学的效果和学生成绩的提升。

研究显示，高智商或学业上的卓越成就与创造力测验分数之间的相关性相对较低。因此，创造力不仅是天生的，更需要通过专门的培养来发展。与同龄常态儿童相比，数学学习优秀的学生在创造力方面表现出显著的优势。在数学教学中，充分发挥他们的创造力优势，进一步促进和拓展他们的创造力，无疑是至关重要的。这种创造力的培养不仅有助于提升学生在数学领域的独创性思维，还能够促使他们在其他学科和实际问题解决中展现出更为综合和创新的能力。可以采用项目式学习方法，比如，为激发学生创造力，可以选择高智力价值的知识素材，创设富有挑战性的问题情景，以促使多数学生进行深思独创。在创造性问题的解决过程中，给予学生足够的思考时间和空间，鼓励他们以多角度、多种方式探索问题，以提升创造力反应的数量。为提高创造力反应的质量，要创造一个有利于发挥创造力的教育生态环境，包括进取向上、友爱、尊重、平等、温暖的班级氛围，以及开放、安全、自由的学习环境，这包括表彰独创性发现、开展学术研讨、鼓励受挫学生参与创造、敢于发表自己的意见和见解等。

　　对数学学习优秀的学生而言，热情和意志是发展潜能的关键。成功人士因渴望知识、对学习充满激情而自我激励。在培养数学超常儿童的过程中，应增加其数学学习经验，培养其积极学习态度，强化其学业自我概念，激发其对数学的热情和对困难的坚韧毅力，助其应对不断变化的挑战。

第五章　对不同数学差异类型学生的教育安置

"不同的人在数学上都能获得不同的发展。"数学课程标准提出这样的教育理念，有的教师会产生很大疑问，在现行的"一刀切"、集中式的课堂教学组织形式下，如何能使"不同的人在数学上都能获得不同的发展"呢?

第一节　我国照顾学生差异的常规做法

实践中，我国中小学曾经采用三种形式来满足学生的多样学习需要，最普遍的一种形式是"坐班制"，也就是夸美纽斯（Comenius）所总结的传统班级授课制，全班施行同教材、同进度、同要求的大一统的教学方式。

第二种是以某一学科或者几门学科的学业成就作为分班的参考标准，将学生分为好、中、差或者 A、B、C 班的"分层教学"。这种做法无疑为学生贴上了等级标签，对那些被分在最低层次班级的学生来说，实际上是一种"精神虐待"和"心理遗弃"。最近两年，又有学校将这种方法进行变革，将"分层教学"进行改良，采用"分层走班"形式实施教学。

第三种方式是根据学生的特长和兴趣作为分班的标准。采取学科成绩做参考，兴趣爱好做主要划分的标准进行选课走班。选课走班旨在尊重学生的个体差异性，这种规定动作（特长＋分数）加自选项目的实施，较原来"以分数定层级"做法多了一丝丝的"人情味"，但是实践中，这种按照"兴趣"和"特长"走班的模式，有几分被迫、又有几分自愿值得深思。

这三种对学生的教育安置体现了不同的特征，传统的"坐班制"体现了教育公平、有教无类的思想，"分层制"则关注学生的个体间差异。"走班制"兼顾学生个体间差异与个体内差异。无论是"坐班"制还是"走班"制，在同一班级内，满足所有学生的学习需要是各种教学组织形式追求的根本宗旨。

第二节　数学学科的分层（选课）走班教学

国外的走班制是在分层教学的基础上发展起来的，我国的走班制教学与课程改革密切相关。20世纪90年代，走班制教学在我国曾经风靡一时，但因涉应试教育之嫌，逐渐淡出教育领域。2001年，我国开始了第八次课程改革，这次改革无论是从规模、力度还是从影响上来看，都远远超越前几次课程改革。这次改革更关注"整体人"的发展，关注学生的个性品质和个体差异，走班制教学再次顺势而起，全国有很多所中学进行了大刀阔斧的改革。

一、分层（选课）走班的实践探索

2002年，《中国教育报》刊登文章《走班制"走"出来的好感觉》，介绍了上海市晋元中学的学科分层走班教学模式。

晋元的"走班制"包括3层含义：首先，"走班"的学科和教室固定，学生流动上课，即根据专业学科和教学内容的层次不同固定教室和教师，部分学科教师挂牌上课，学生流动听课。其次，实行大小班上课的多种教学形式，即讲座式的短线课程实行大班制，研究型的课程实行小班制。通过不同班级、年级学生的组合教学，增强学生的互助合作。最后，课堂之外的学习生活采用小组合作的学习方式。

在学生评价方面：考什么题学生同样可以选择。在平时检测中，数学采用"自选式"，即A、B、C三层共答部分和任选部分。任选部分难度不同，难度越大，得分系数越高。理化采用"选层式"，学生可以选择一个层次的题目作答。外语采用"累加式"考试。试卷主要从学生答题完成时间和准确性来区分A、B、C各层的能力和水准。同时，打破59分就是不及格的"禁区"，改变仅以几次考试分数来评价学生的传统做法，加强平时的学习检测，淡化期中、期末考试，将平时的课堂提问、谈话、作业、课题研究、阅读等评价信息都纳入学习成绩。平时采用分层检测，期中、期末采用诊断性考试——课堂学习效率检测，作层次流动的参考，使学生明确"走班"不是以学习成绩为标准，而是以学习效率为标准。在哪个层面上学习，都能取得优异的成绩，关键是选择适合自己的层次。

晋元高级中学已逐步完善了"走班制体系"，对于流动班级的管理采取了临时班长和该课程的课代表制。对于师资队伍，学校要求每位教师都能高质量地承担一门基础型课，一门拓展型课，并指导以自己所教学科为主的相关领域的研究课题，能够承担班主任工作，逐渐建设、完善、形成富有个性特色的课程"套餐"。"走班制"的试行最得益的是学生，因为它创设了一个良好的学习环境，让每一个学生充满个性地发展。

自此，上海市上海中学、浙江象山文峰学校、河北邯郸新兴中学、山东莱州实验中学、北京市十一学校等先后在实践中实施"走班制"。2014 年《关于普通高中学业水平考试的实施意见》及《关于加强和改进普通高中学生综合素质评价的意见》两份文件的出台，以及 2017 年高考综合改革全面铺开，实行"六选三"考试模式，都加速了高中"走班"的进程。

走班制有两种模式，一种是分层走班，一种是选课走班。

分层走班缘起于"分层教学"。"分层走班制"是当前传统班级授课制下，为了照顾学生的差异性和独特性，采取分层次教学的一种模式。"分层走班制"有两个关键词，"分层"与"走班"，分层有内部分层和外部分层两种形式，内部分层是不打破教学行政班，在班内按照学生学习成绩划分三到四个层级，通常情况下是三个层次，对各个层次的学生实施不同的教学内容和教学方式。外部分层指的是打破传统的行政班级，按照学生的学科成绩划分层次，组建新的学科班集体。"走班"强调的是学生的自主性和自愿性，差异教学提倡的"走班"模式有两种：一种模式是行政授课班还存在，并且学生大部分的时间还是在行政授课班学习，只有在学习某些学科的时候，学生会根据各自的学习程度到某一层次的班级上课。这种方式主要是以满足某一层次学生的学习需求作为教学计划的基本出发点，在教学目标、教学内容以及教学方式上根据学生的实际情况做适当的调整。另外一种模式是所有学科都在走班，数理化学科实行分层走班，文学艺术类学科实行分类走班。这种走班模式实行导师制，每个学生都配备一名教育导师，对学生进行教育指导和心理指导。

选课走班也经历了分层教学、走班教学的发展过程。对"选课走班"概念的内涵，学术界并没有清晰的界定和统一的认识。选课走班是以学校有课可选、有班可走为前提的。本质上选课走班是学校整体教育生态的重新建构，是一种以课程体系建设推动课堂教学组织、学生学习共同体建设、教师专业成长、学校管理体制、学校文化建设等各方面发展的全方位变革，其目的是通过学生课程权和学习权的满足，最终实现育人的根本性变革。

二、数学学科走班的可行性

数学学科走班兼具"分层教学"与"选课走班"的特性。分层教学发起于 19 世纪末 20 世纪初，主要是为了应对传统班级授课制度无法照顾到全体学生个体差异弊端。分层教学被视为对教学组织形式的一次重要变革，旨在解决传统教学制度的局限性。其核心思想是将学生按照学科水平、学习兴趣和学习能力分组，为每个小组提供相应层次的教学内容。这样一来，教师能够更有效地满足不同学生的需求，确保每个学生都在适当的水平上受到挑战，避免"一刀切"的教学方式。

分层教学的实施可以追溯到对教育理念的深刻反思。它强调了个体差异性，通过调整教学策略、设置不同层次的教学目标，为学生提供更加个性化和有针对性的学习体验。这种教学模式使得教育更加贴近学生的实际情况，提高了学生的学术成就，增强了学习的积极性和主动性。因此，分层教学的引入标志着教育领域对于个体差异性的更加关注和尊重，为学校教育提供了更加灵活和多样的教学组织方式。我国在 20 世纪 80 年代开展了分层教学，如杭州天长小学，为照顾学生差异，在五年级语文和数学教学中试行按能力分班。上海师大附中的做法是按照数学、英语学业成绩将学生分为 A、B、C 三个层次数学的分层走班教学依据数学的学科特点，低起点，多层次，帮助不同层次的学生缩小学习新知识前的"认知前提能力差异。分层教学随着教育的发展，也在不断的改良，在近几年发展成学科分层走班模式或者也称为"选课走班"，如上海晋元中学、北京市十一学校、杭州师范大学附属中学、河北邯郸新兴中学、上海市上海中学、浙江省义乌中学等，并且走班模式从最初的单科走班发展到现在的多科或者全科走班，多数学校选择最先在数学和英语两门课程中尝试这种模式。

选择数学实施走班的理由如下：①数学是一门科学性、系统性非常强的学科，其内在的知识结构及严密体系，决定了数学必须遵循可接受性原则。在数学知识链条中，不掌握前面知识，就难以接受后面知识。②数学的"分层走班教学"也有其心理学依据，苏联著名心理学家科鲁捷茨基对儿童的研究实验表明他们的数学学习能力存在差异。❶③数学学业水平差距拉大的现实倒逼学校采取一定的方法来解决这个问题。我国就近入学政策的实施、全纳教育下随班就读生的增长、经济市场化下的贫富差别带来的学生学习环境、早期受教育程度的不一而足，使得同一班学生的差异加大。要解决学生数学基础差异大的问题，实施分层走班教学不失为一种有效的提高教育教学针对性的途径。

三、数学学科分层走班的具体措施

我国的学科分层走班是从高中开始初步尝试，后逐步扩展到小学和初中。并在初中和高中得到基层学校的广泛参与和深入实践。数学学科走班体现了充分尊重学生个体差异性的育人理念，是基于学生的数学基础、认知水平、数学潜能、兴趣爱好以及自主选择的个性化学习的过程。数学学科走班的真正实现是一项系统工程，需要学校全体教职员工转变教书育人理念、构建相应课程体系、转变教学方式以及营造适合的学校文化和完善相关管理体制。在具体实施过程中，数学必修课多采用分层次走班教学，注重学生学习基础和学习潜力，选修课多采用选课走班，更多关注的是学生的学习兴趣和特长。

在数学分层走班过程中，需要充分体现教育教学的个性化，针对不同

---

❶　胡萍.学科分层走班教学——基于深圳市两所高中数学教学的个案研究[D].上海：华东师范大学，2005.

数学基础与兴趣爱好的学生必须制定不同的教学目标、调整与组织不同的教学内容、完善有差异的评价体系、建立动态化流动管理机制，实施有差异的教学。

（一）理念先行

尊重每个人的个体差异，满足学生不同的学习需要，促进学生获得最大发展是走班教学的根本目的。目前，有的学校学习美国、英国等西方国家的教育经验，认为选课走班、分层走班是未来教育发展的趋势，有的学校积极响应高考政策的号召，在学校先行先试，有的学校基于本校同一班级内学生差异过大、大一统的班级授课制不能解决现实问题的需要，采取学科分层走班的形式。但无论是积极主动型、半推半就型还是迫于现实型，他们倡导的理念都是为了每一个学生更好的发展，积极为学生搭建成长平台，让他们在自我认知、自我唤醒、自我发现、自我选择中学会选择、学会负责，从而形成独立思想和人格，让学生成就与众不同的自己。

数学的分层走班教学是基于数学学科的特点，即其具有低起点和多层次的特性，旨在帮助不同层次的学生更好地缩小学习新知识前的"认知前提差异"。为了确保数学分层走班教学的顺利开展，在实施前，学校需要进行一系列准备工作，其中包括对相关利益群体育人观念的转变。

首先，开展动员大会和宣传大会，转变教师、学生和家长对分层走班的传统看法。在传统的分层教学中，人们普遍认为"好、中、差"班是对学生能力的分级。优秀学生形成的班级会配备优秀的师资、卓越的课程和优质的资源，而"差一些"的班级，学生都学习成绩较差，学校也会配备全校最差的师资。这种根深蒂固的分等级观念如果不改变，分层走班很难有好的实施效果。

其次，改变补短避长的传统教育方式，木桶的储水量取决于木桶最短的木板，如果想让木桶储水量增加，可以在补齐短板的同时，发挥长板的优势，倾斜水桶，这就是差异教育宣扬的扬长补短的道理。

最后，将一切为中考、高考的单一学校生活转变为链接个人未来专业发展的个性化学校生活。真正将学生需求放在学校发展的首位，以学生为本，关注挖掘、发展学生的优势潜能。创设富有选择性的课程，让学生有得选，才是选课走班的核心。选择的过程既是学生找寻自我、发现自我的过程，也是自身可能性被充分挖掘与提升的过程。

教学中，针对学生的学习现状给予恰当的评价，对不同层次的学生，制定不同的教学目标要求，开发与研制不同的教学内容，并设计适合的教学活动，使每一个活动都在学生的"最近发展区"，既不消极适应或滞后于学生现有的认知发展水平，也不过度超前于学生的现有水平。激发学生积极的情感体验，在活动中体会探索的乐趣，享受成功的喜悦。

（二）课程重构

儿童精神生命和智慧生命成长是学校课程建设的焦点。学校教育的目的不仅是知识和技能的掌握，更是为了满足人的精神生命需求和提升人的智慧生命价值。正如雅斯贝尔斯所说，教育不过是人对人的主体间心灵与心灵交流活动（尤其是老一代对年轻一代），包括知识内容的传授、生命内涵的领悟、意志行为的规范，并通过文化传递功能，将文化遗产教给年轻一代，让他们自由地生成，并启迪其自由天性。因此教育的原则，是通过现存世界的全部文化导向人的灵魂觉醒之本源和根基，而不是导向由原初派生出来的东西和平庸的知识（当然，作为教育基础的能力、语言、记忆内容除外）。❶落实到学校课程建设上，其本质就是提供适合学生发展的课程。这是学校课程体系建设必须坚守的一个重要信念。

---

❶ 雅斯贝尔斯.什么是教育 [M].邹进，译.北京：生活·读书·新知三联书店，1991：39.

就国家课程而言，其普适性有余，个体差异性不足。然而，差异性才是教育的重要特征，国家课程重视对学生共性的满足，但却忽视教育中的差异性，而这差异性却是教育发展和提升的重要资源。如此，学校在进行校本课程建构时，首先需要考虑的是是否将国家课程、地方课程进行个性化的开发和创造，使其更好地满足本校学生的个体差异性。其次需要思考三个问题，学校需要开设哪些课程？这些课程发展了学生的哪些能力？学校目前的课程设置是否充分考虑了学生的年龄段、个性需求及学校的课程资源、特色和传统的独特性？以便为每位学生提供广泛的自主发展、个性发展和多样化发展的课程选择空间与平台。最后，还需要考虑学校课程应当旨在因应每一个儿童需求、兴趣与个人成长而准备。有效的课程在强调有关种种知识体系的关键概念与过程、结构与工具的同时，也能够扎扎实实地引导每一个儿童选择自己应当学习的领域。

（三）评估跟进

差异教学评估是一个持续不断的过程，在这一过程中，教师使用多种形成性和终结性的评估工具，收集学生学习之前、学习期间和学习之后的数据。高质量的差异教学评估能够准确地为每一名学生的学习引路导航。评估数据的分析结果可以让教师认识到每一名学生的优势和需求。通过合适的评估方法，学生能够全面展示他们知道了什么、学会了什么。教师由此分析评估结果，然后改进差异教学设计，以使其更加符合不同学生的学习需求。❶

分层走班教学模式的差异评估在决定学生的班级层次中至关重要。学校在进行层次分班时，事先已经预评估了学生的数学水平。通常将学生在数学领域的层次分为三个水平。

水平一是学生对于新学习的数学主题还不具备基本的知识基础和技能，需要在学习新内容前，不断地铺垫相关的知识和技能，尤其需要教师的及时补差

---

❶ 卡罗琳·查普曼，瑞塔·金.差异教学评估 [M].北京：教育科学出版社，2019：3.

和有效干预。分班诊断结果显示这些学生不完全具备学习新内容的认知前提。

水平二是学生基本具备了新学习内容的认知准备、学习动机等，可以按照年级平均学习速度进行新的学习。前期诊断结果显示这些学生具备了学习新内容的背景知识和学习动机。

水平三是学生不满足于对新知识的学习，需要为他们拓展和深化与新知识相关的领域和内容。诊断数据显示，这些学生具备了相应的背景知识，已经掌握了要学习的新内容。

对学生数学学习水平进行评估的方法有多种，将定量方法和定性方法相结合，才能避免单一的纸笔测试带来的分层弊端。评估学生数学知识和技能，可以采用标准参照和常模参照，用分数进行分层。同时参照学生的日常表现行为，包括口头提问、板演、作业、课堂练习或者检查、课堂观察、学生多元智能评价等方式综合评估，这样的评估方式既能反映学生的真实数学学习水平，也能揭示学生的非认知能力，比如数学学习的态度、数学学习的动机、数学学习的毅力和恒心，合作精神等。将评估的内容和过程融为一体，作为数学学科分层的依据。

案例：成都青羊区石室联合中学（西区）分层方法

实行分层走班制，最大的问题在于如何分层，其依据是什么？20世纪80年代分层教学主要依据是智力分层，也就是通常我们所说的按成绩分层，但是这样有很多弊端。因此，为了规避按成绩分层的风险，成都青羊区石室联合中学（西区）借助差异教学中提到的理念，按照学生的综合能力分层，其中也包括文化成绩。学校IDE分层走班的依据是：文化成绩、问卷调查、学生手册、家长手册、学生座谈。

1. 多元智能作为分层基础指标

使用心理学"多元智能AAT"评价量表对学生进行前测，分清学生的差异是由哪些方面引起的，做好课堂教学调整。

借用"AAT学生适应性测试"对七、八年级学生进行网上调查，共测试150道题，包括五个大类的问题：学习态度、学习技术、学习环境、心身健康、学习方式。将调查分数赋以一定的权重，作为IDE分层走班的一项指标。

2. 学生家长期盼作为分层重要指标

学校希望更加全面地了解学生的差异，因此组织老师编写"学生规划手册""家长手册"发放给学生、家长完成，并收集数据进行调整。

（1）"学生规划手册"主要是通过学生制订学习计划，完成阅读文章、摘抄字词、数学运算、听读英语等方面的内容。

（2）"家长手册"主要从家长基本信息、家长自我分析、亲子互动、沟通交流、家庭环境（氛围）、家长对自己的定位和对孩子的期望等方面设计。

（3）"学生座谈"。除了数据以外，学校还对学生进行了座谈，面对面了解他们的需求情况，并尽量尊重他们的愿望，做出必要的调整。

3. 学业水平作为分层主要指标

学校对学生进行测评，问卷的内容主要包括两大部分：第一部分是已学过的数学基础知识，考查学生基础知识的扎实性；第二部分设计具有挑战性的数学问题，考查学生的问题解决能力、高阶思维和数学潜能。

综合上面的情况，学校对学生进行综合打分，并列入相应的层次类型。分层主要依据综合评价水平，但也不是刚性执行，还需要根据个别情况适当调整，比如"刘×杰"同学，虽然学业成绩不高，但是通过交流，其个人表示希望学校给予机会，并表示能够达到D层的要求，老师在和家长进行交流、沟通后尊重了孩子的选择。

根据综合评价结果，成都青羊区石室联合中学（西区）开始实行IDE分层走班。IDE分别是inspire（激励）、develop（发展）、explore（探索）的首字大写字母。

1. Inspire（激励）班

由于这个层次的学生相对来说基础知识的掌握、学习方法的使用、学习习惯的养成都有一些问题，学校提出对于这部分同学目标定位为：低起点、小步子、缓坡度。这样较为符合他们的实际情况。

老师的教学目标：引导激趣、搭建平台，对于基础薄弱的同学主要是引导激发他们的学习兴趣，为他们搭建参与学习的平台。

教学形态：问题驱动式的参与式教学，以老师搀扶着学习为主，要求老师们在课堂中所设计的问题跨度相对要小，形式多样（案例分析、表格梳理、知识体系图等）。通过解决教师设置的问题，让学生能够很好地参与到课堂教学中来，为学生构建清晰的知识架构。

课程体系：基础型课程6课时＋探究型（拓展型）课程1课时

基础型课程6课时完成国家课程标准的所有内容；探究型课程1课时设置为写作课程；拓展型课程1课时进行能力提升及学法指导。

知识水平：掌握基本的学科方法。例如：证明全等三角形的基本方法；场景描写的基本方法；英文书信的基本方法；阅读散文的基本方法等。

能力水平：从能用到会用——知道有哪些基本方法；知道应该选择什么方法。例如：掌握语文学科的人物描写方法并能在写作中运用；数学学科中的三角形全等判定方法的理解与运用。

2. Develop（发展）班

老师的教学目标：助推掘能，尊重差异。对于中间层次的同学需要老师助推，发掘他们的潜能，在教学中还要尊重该层次同学之间的细小差异。

教学形态：问题驱动的追究式教学。老师要助推学生的学习，问题设置要有一定的深度，能够提供平台让学生去探究问题之间的联系以及解决问题所需要的能力、技巧。

课程体系：基础型课程5课时＋拓展型课程1课时＋探究型课程1课时

基础型课程5课时完成国家课程标准的所有内容；拓展型课程1课时进行课外阅读，拓展基础学习的广度和深度；探究型课程1课时包括写作课程、探究研究问题的一般步骤等。

知识水平：掌握学科方法背后的巧妙之处和奥妙之处。例如：数学课中巧妙地计算多角的度数；语文课中"背影"一课使用看似闲笔方法的奥妙；化学课中"原子和离子"一课巧妙地证明微粒子的存在。

能力水平：从会用到巧用——能够选择相对简便和更优的方法；能够运用方法背后的奥妙或巧妙来解决问题。例如：通过构造三角形来计算多角的度数；通过抓关键特质来描写人物形象。

3. Explore（探索）班

老师的教学目标：扬长发展、探究创新，对于基础较好的同学，主要目标就是通过教学发展他们的长处，并能探究发现、创新发展。

教学形态：问题驱动的创生式教学。老师希望探究知识点背后的联系或更进一步加深学习的难度、深度，就可以采取提出推进性问题的方法，引导学生在学习中寻找变化。教师就要创造时间、机会放手让学生发展，设置问题应该比较开放，能从现实中找到原型，能串联前后内容，求创新、求融通。

课程体系：基础型课程4课时＋拓展型课程1课时＋探究型课程2课时

基础型课程4课时完成国家课程标准的所有内容；拓展型课程1课时进行课外阅读，拓展基础学习的广度和深度；探究型课程2课时主要完成另外内容的探索研究。

知识水平：掌握方法和技巧背后的学科思想。例如："原子和离子"一课中的物质可分思想和微粒观念；"全等三角形"一课中的转化思想；"老王"一课中的人文思想和人文观念。

能力水平：从巧用到活用——融会贯通地灵活运用各种方法。例如：能够综合灵活地运用"云南的歌会"中所采用的场景描写方法；能够运用相关知识将"水循环"的结构模型完整地建立起来。

对学生进行分层只是完成了分层走班的第一步，更重要的是对分层后学生的学习情况进行过程性评价，根据过程性评价结果对分层进行弹性调整。比如，通常的月考实行分层命题考试，期中、期末考试则采用三层统一命题，试题中的最后 2 至 3 题为加试题，要求水平高的学生必答，水平中等和水平较弱的学生可选答或不答，答对的学生予以加分。或者月考和大考都实行分层考试，外加一次全体学生统一命题的共性考，作为分层流动的一个依据，再结合学生的意愿及教师的评价确定流动。流动考占总成绩的 50%，平时、期中和期末成绩占 50%（三者所占权重为 15%、15%、20%），这是我国当前中小学普遍采用的分层评价形式。

案例：成都青羊区泡桐树中学选课走班模式

实施学分绩点进行综合评价，提高评价的可操作性。泡桐树中学基于选课走班模式下的学生综合素质评价以学分量化来呈现。学生学分获得或扣除都基于课程管理，分别为：学业课程（博学课程、博识课程）、综合课程（力行课程、健体课程、笃志课程、修身课程）。依据学分计算标准，每一门课程根据学习的时长和每周课时数，成绩合格将获得相应的学分，获得一定学分准予毕业。但不同的成绩将获取不同的绩点，绩点的高低决定能否参评卓越学生、优秀学生、优秀特长生等各种荣誉。

强调过程性评价，及时反馈。学生过程性评价主要关注学生在学习和参与活动过程中的出勤、行为修养、课堂表现、作业、互助、倾听、自主学习、提出有价值的问题、参与讨论、与人合作等方面的表现，让学生及时掌握自己的发展状况，快速调整，促进成长。一学期结束将获得学习报告单，为学生学业规划或长期目标提供依据。

综上所述，无论是分层走班教学还是选课走班，对学生差异的照顾，只要有学生存在的地方皆需要，皆可施行；没有严格的规定课程类别及层次划分；没有行政班保留与否的硬性规定，可以根据学校与学生实际建立相应的管理体制。另一方面，选课走班又有其不可更改的属性，必须充分体现教育教学的个性化，针对不同层次与学习方向的学生制定不同的教学目标，实施差异教学，建立动态化流动管理机制，保证全体学生都能在适合的教学情境下发挥最大的潜能。实际上，选课走班是基于学情、校情的系统变革，没有统一的模式可言。分层走班或者选课走班的实践形态富有创造性、灵活性与多样性，并无一定之规。学校完全可以根据自己的实际情况选择适合自身发展及满足学生学习需求的方式。

第三节 抽离式培养

在同一班级内，如果个体间数学学习差距较大，可以将部分学生抽离出来，学校可以根据学生数学学习的需要、能力发展和潜能发展的需要，提供有利于发展的课程模式和管理模式。

在管理上，需要将同一年级内每个班级中的学困生或者学优生从班级内定时抽离出来，成立思维训练班（为了避免标签效应，可以采用数学思维进阶班、数学思维提升班或者其他有积极意义的班级名称。学优生的课程设计可以参照本书第六章"适性课程的建设与开发"第三节"满足学优生的平行课程"）。学困生的具体鉴定方法主要依据数学教师的意见和建议，同时也要结合历次测验和练习的学业成绩，抽离比例为3%~5%（抽离的学生占同一年级全体学生的比例）。授课的时间可以放在每学期开学前期，通过翻转课堂的形式给予学生认知的铺垫，或者在选修课的设置上，设计数学思维进阶课程，要求筛选出来的学生必选，抑或作为学困生家庭作业之一，教师通过录制小视频要求学生网上学习，完成巩固练习作业，教师对于这些学生的作业要给予及时反馈。2021 年 7 月 24 日，中共中央办公厅、国务院办公厅印发《关于进一步减轻义务教育阶段学生作业负担和校外培训负担的意见》提出"提高课后服务质量，学校要制定课后服务实施方案，增强课后服务的吸引力。充分用好课后服务时间，指导学生认真完成作业，对学习有困难的学生进行补习辅导与答疑"。

第六章　适性课程的建设与开发

2022年4月21日《义务教育数学课程标准》（以下简称《课标2022》）的发布，强调了以核心素养为导向开发课程体系。课程是为落实培养目标服务的。新课程方案要求明确提出"基于核心素养培养要求，明确课程内容选什么、选多少"，注重与学生经验、社会生活的关联，加强课程内容的内在联系，突出课程内容结构化，探索主题、项目、任务等内容组织方式。因此，课程开发、课程资源建设，都要紧扣核心素养这个育人目标，都要与核心素养精准对接，并以核心素养为中心，不断精简内容，优化结构，加强跨学科学习，做到减负增效。❶课程的适合性是体现学校以生为本的重要标志之一，为了满足不同层次学生数学发展的需要，学校需要对现有的课程进行建设和开发。

第一节　满足学生数学发展的适性课程

每个学生在数学上的发展水平和擅长类型是有差异的，有的学生数学学习速度较快、内容也较艰深，有的学生数学学习速度较慢，内容也较浅显。有的学生擅长代数，有的学生擅长几何。目前，大多数学校采用的是选修课、必

---

❶ 褚宏启. 推进素养导向的义务教育课程建设 [J]. 中小学管理，2022（5）：59-60.

修课和兴趣课或者进阶课来满足学生的学习需求，但这仅仅是课程实施方式的不同。外在形式上满足差异只是其中一部分，真正的核心在于课程的建设和开发，这就需要考虑以下几个方面的问题。

一、为什么要单独开发数学教育课程

对于实施选课走班或者分层走班形式的学校来说，建设与开发数学课程体系是开展走班形式的前提，如果没有相应的课程体系跟进，走班就成为花架子，用老师们的话来说就是"走班走了一个寂寞"。而对于实施传统行政班上课的学校来说，为了照顾同一班级内的学优生和学困生，课程开发也是十分必要的。

我们现在使用的学校课程是根据大多数学习者的需求而组织的，渐进式学习模块构成了基本的学习材料及教师教学。这种普遍通行的课程比较适合大部分的学生，但对少数学优生和学困生而言是不够的，也是不适合的：不适合学优生较强的学习能力、操作概念基模的能力以及需要多样性和挑战性的学习经验；不适合学困生认知准备不足、信息概括和提炼能力不足以及需要基础性和先行组织者的学习经验等。如此，在评估开发课程上的第一个重点是如何修正或者调整普适课程中的核心领域，以更契合学优生和学困生非典型的需求。

要使得核心课程对学优生和学困生具有意义，就必须对现有课程予以加速或者减缓、充实、删减或者概念重组。对于学优生和学困生而言，最好采用重组的方式进行课程开发。满足学优生学习的需要，传统的做法是将课程加快进度、加深学习内容、减少不必要的基础练习等，但甚少从学生需求的视角审视课程进度、内容和练习的适合度；也很少从整体和联系的角度去系统思考课程内容的结构。比如，小学数学教材中的分数、小数和百分数，分布在不同的单元，但其实质是对数的描述形式不同。因此，在重组这部分课程时，采取以应用问题解决的方式将比率和比例的概念予以重组，这对学优生而言是非常重要的课程修正。对于学困生，课程学习的速度、概念重组的环节基本与学习水平中等的学生保持一致，但在课程内容的难度上则应适当降低，不增加艰深难理解的内容，必要的时候还需要设置短期学习目标、降低目标，分步骤、分时段达成小目标，但大目标或者总目标与其他学生保持一致。

课程的研发是一项系统工程，历时较长，需要匹配最优质的师资力量，有时还要借助专家的力量。研发的过程既包括调整现有课程、整合当前和以往课程资源到适宜程度，同时也包括开发新的课程等。在开发学优生的课程时，可以启用业已证实的对学优生有效的课程计划，如果盲目地重新建构和开发，显然是下下策。但对学困生的课程开发则需要课程开发团队认真研究学困生认知准备的情况及与其他学生的差距，采取概念重组的形式，为学困生进行认知铺垫的压缩式课程设计和开设新的课程。

为学优生设计的数学课程，也可以使广大的学生受益。学优生的课程可以作为挑战性学习资料为大部分学生所使用，对于特别艰深的学习内容，需要教师有照顾学生差异的能力，为学生做好前期铺垫，支好脚手架，方能发展他们的高阶思维。

二、如何设计和开发适性课程

学校层面设计和开发课程需要回归教育原点，即追问课程研制的目的，如何选择最有效达成这些目标的学习经验，如何组织和实施以及如何评价等方面的问题。

课程开发要达成什么样的教育目的？这是设计和开发适性课程的核心问题。考虑学优生的适性目标时，需要从教育目标是否具备充分的难度，是否有助于学优生数学高阶思维的发生，是否能够开发学生的创造力和创新力，是否有助于培养学生的自主学习能力，是否有助于发展学优生的高层次技能、概念和知识，目标是否具有跨域功能方面的考量。回答了这些问题，基本可以确定学优生区分性课程的主要原则为：课程进度、课程的创造性、课程的挑战性和多样性。学困生课程的设计，需要考虑教育目标是否具备基础性和阶梯性，是否有助于学困生认知的铺垫，是否有益于数学思维的进阶，是否能够缩小与其他学生的认知差距等。在厘清这些基本问题后，学困生铺垫性课程的主要原则是：认知准备课程的压缩性、学习目标的基础性和高度迁移性。

选择什么样的学习经验最有效？这是课程开发的关键，学生在学校学习的都是间接经验，但学生还具有直接的学习经验，那么对这些学习经验如何选择是课程有效实施的核心。经验可以增进或抑制对某一问题的保留、兴趣、满意或内化。探究本位教学单元、团体问题解决情境、独立研究和团体讨论都是培养学优生的教学方法，这些方法的实施，可以为学优生带来良好的学习经验。

如何组织学习经验才能使教学有效？学优生和学困生是否得到顺序性和连贯性的学习经验，是检讨整体课程经验时的一个主要议题。尤其是在分层走班的学校中，每个层次的班级采用何种方式实施课程和教学模式是至关重要的，抽离式培养模式也遵循此理。

如何评价课程实施的成效？无论是分层走班还是抽离式培养模式，在课程实施后，都需要对课程实施效果进行评价。但是对课程的评价，目前还没有适切的评价标准，可以考虑以下几个方面：年龄范围和能力水平上的适切性，课程内容的丰富性和完整程度，运用多元资源及呈现多元观点，学习多样化的程度，增加小组讨论机会的程度，增加独立研究机会的程度，能够吸引学生积极地学习和研究。

第二节　照顾学困生的"压缩式"课程

帮助学困生快速提升的途径除了在管理上下功夫以外，还要将重点放在该层次学生课程建设上。同一班级内，这些学生与其他学生认知存在4~7年的差距，所以为他们设计适合的课程至关重要，"压缩式"课程应运而生。所谓"压缩式"课程主要指的是学生在学习新知之前，将与新知相关的旧知进行梳理缩减，选择与新知密切相关的知识点进行编制，形成浓缩型课程。这类课程类似我们日常生活中的"压缩式饼干"，既能提供必要的知识技能方面的供给，同时也不会给使用者太大的负荷。数学"压缩式"课程主要可从以下几个方面进行建构。

一、深入挖掘所习教材的知识点

根据知识点进行回溯，查找以前所习教材中与之相关的知识点，进行压缩整理，打包捆绑，形成关于本册教材所应具备的旧知体系。比如，初一上册数学教材中有理数的运算，是贯穿中小学的重要内容，这部分内容上承小学的整数、小数以及分数的加减乘除，下接实数的学习。学生在学习这部分之前，需要具备一定的认知基础和技能基础。教师在讲授这部分内容时，需要了解学生的认知基础和容易出现的错误。例如，学生在进行有理数的加减运算时，他们的思维过程通常包括去括号、省略加号、应用交换律以及提取负号，以便将有理数的加减法转化为他们在小学时期所学的加法运算或大数减去小数运算。在小学阶段，学生已经学习了"加法的运算律"和"加法与减法互为逆运算"等基本概念。然而，学生在这些运算中常常会混淆"+"和"−"作为运算符号和性质符号的区别，也可能误解"两数相加，和一定大于任一加数，两数相减，差一定小于被减数"的规律，甚至自创"除法分配率"等错误概念。了解这些以后，在学习有理数加减法之前，需要为学困生做好"整数加减法、小数的加减法以及分数加减法"等相关知识。所用课时可以根据学生原有认知基础进行调整。

二、按照数学核心素养进行归纳梳理

《课标2022》强调了素养导向和优化课程内容的组织形式，注重培育学生终身发展和适应社会发展所需要的核心素养，特别是真实情境中解决问题的能力，基于核心素养确立课程目标，遴选课程内容，研制学业质量标准，推进考试评价改革；优化课程内容组织形式，跳出学科知识罗列的窠臼，按照学生学习逻辑组织呈现课程内容，加强与学生经验、现实生活、社会实践的联系，通过主题、项目、任务等形式整合课程内容，突出主干、去除冗余。❶

《课标2022》定义的学生核心素养主要有"会用数学的眼光观察现实世界、会用数学的思维思考现实世界、会用数学的语言表达现实世界"三种核心素养，小学阶段数学学科主要表现为"数感、量感、符号意识、运算能力、几何直观、空间观念、推理意识、数据意识、模型意识、应用意识、创新意识"。初中阶段核心素养主要表现为"抽象能力、运算能力、几何直观、空间观念、推理能力、数据观念、模型观念、应用意识、创新意识"。在教学中，教师根据课程标准中的核心素养对中小学教材进行梳理。比如对运算能力进行梳理，就会涉及小学的整数运算、小数运算、分数运算，初中的有理数运算、实数运算等。

---

❶ 中华人民共和国教育部.义务教育数学课程标准（2022年版）[M].北京：北京师范大学出版社，2022：6.

三、用数学思想方法贯通中小学数学教学

在当今要求科学与人文整合的教育背景下，数学思想方法以及与这些思想方法有关的文化背景成为新一轮基础教育课程改革的重要内涵，也是新课程文化精神的一个重要特征，更是开创以人为本的核心理念的重要内容。在义务教育阶段，数学思想方法较多，如归纳与猜想、类比、抽象与概括、演绎与化归、函数等都可以将小学与中学的内容贯通起来。

例如，逻辑推理主要有合情推理和演绎推理，合情推理主要有归纳推理和类比推理。在小学阶段，运用较多的是归纳推理，类比推理运用得较少。中学阶段，类比推理和演绎推理运用广泛，尽管类比推理具有或然性，但是运用类比推理能够大大提高学习效率和培养创新意识，在生活中应用广泛。[1] 为了提高学生的推理能力，教师需要对中小学教材中关于推理的素材进行认真梳理，查找中学生和小学生学习知识的生长点。比如，小学数学教材中有"明确推理内容""显性推理内容"以及"隐性推理内容"教学内容。"明确推理内容"指的是课时主题含有"推理"这个核心词，如北京师范大学出版社出版（以下简称"北师大版"）的小学三年级数学教材"有趣的推理"一课，利用列表法和辩证分析来进行合情推理。"显性的推理内容"是指课时主题不含"推理"等词，但内容明显是关乎"推理"的内容。如北师大版小学数学教材中"图形中的规律""加法交换律和乘法交换律""探索活动：平行四边形的面积"等主题即属此类推理。"隐性的推理内容"是指课时主题和内容都比较隐晦，比如北师大版一年级数学教材中"练一练"（跷跷板）是典型的合情推理的例子（见图 6-1）。

因此，围绕某一数学思想方法对教材进行整合重组，对照顾学困生的学习非常有意义。通过深入理解数学思想方法，我们可以将教材中与之相关的知识

---

[1] 王永春. 小学数学与数学思想方法 [M]. 上海：华东师范大学出版社，2022：19.

点进行整合，以帮助学生更好地理解和应用数学知识。对于学困生，这样的整合可以帮助他们更好地掌握先行组织者，掌握基本知识和基本技能，提高解决问题的能力。总的来说，整合重组教材是教育过程中一个至关重要的环节，只有充分考虑到学困生的需求，才能真正实现教育的目标，让每一个学生都能在数学的学习中得到成长和进步。

练一练

1. 轻的画 "√"，重的画 "○"。

2. 最轻的画 "√"，最重的画 "○"。

3. 在重的一边画 "√"。

图 6-1　北师大版一年级数学教材 "跷跷板" 主题

第三节 满足学优生的平行课程

在初中阶段或者小学高年级阶段，学生在数学学习上的差异逐渐显性化。同一班级内，有 3%~5% 的学困生，相应也有 5%~10% 的学优生，在数学学科分层走班的大背景下，学优生也相应地分离出来，组成数学学科掌握较好的班级。针对这部分学生的教学，原有的数学教材显然是不适应的。迪亚兹（Diaz）等人认为：课程如果缺少挑战，数学英才生易感到枯燥无聊，提不起学习兴趣，课业成绩就很有可能不易表现。❶国内外大量研究表明，造成学习优秀学生低成就的原因之一是缺乏有挑战性的课程。与现行课程标准配套的教材，对于数学优秀生来说，基本不具挑战性。目前，不同学校采取的主要措施有以下三种。

一、创新构建个性化校本课程

根据本校学生的学习水平，按照高于国家课程标准的要求，对课程体系进行重新架构，自主编写适合本校学生学习的校本教材。中国人民大学附属中学、杭州天一中学、清华大学附属中学等学校在这方面作了有益探讨，但是这种做法对师资队伍的专业水平要求较高，学校需要具备相当高水平的教师团队，才能有勇气打破国家统一的教材体系，重新构建适合本校学生发展水平的校本课程体系。

二、国家基础课程的拓展深化

大多数学校在没有较强的师资队伍条件下，考虑到教学管理方面的要求、

---

❶ 张倜，曾静，熊斌.数学英才教育研究述评 [J].数学教育学报，2017，26（3）：39-43.

数学教师整体专业发展水平以及将来可能面对的中高考等，打破国家统一教材的结构，另起炉灶是不切实际的。所以，可行的做法是在使用国家教材的过程中，对其相关内容进行适度拓展和深化。比如，有的教师综合参考我国各个时期不同版本的教材，初中高中竞赛大纲以及初中与高中、高中与大学相衔接的内容等对课程内容进一步深化。对国家课程的适度深化主要是针对国家教材，并且是在同一班级内，既有学优生也有学困生的混合班级。

三、增设选修（必修）课程

这类课程适用于中小学，笔者在很多学校观察到，小学（初中）一年级学生能够对初中（高中）的数学知识有较多涉猎，并且一年级的课程已经很难满足他（她）的基本需求，对这样的学生需要为他们增设选修课，增设的选修（必修）课程可以包括数学思维进阶课、奥数课程或者数学文化、数学史以及数学问题探究课等。

例如，中国人民大学附属中学对学习优秀学生实施在正规学制下充实拓展的教育模式。其课程设置的指导思想和原则是：在保证培养超常儿童学习能力所必需的基础知识的基础上，打破原有的课程结构，调整必修课的教学，开设研究性学习必修课，增设相关活动课、特色课。在部分超常教育实验班开设必修"科学实践课"。在研究性学习必修课程中，注重学习内容的探究性与实践性，以培养学生的创新思维和实践能力；注重学习过程的开放性和民主性，以培养学生的自主学习能力，以引导学生参与具体科学活动为载体，除了通过自主阅读途径和亲身经历过程之外，还运用网络手段去指导学生发现、提出问题，带着问题去查阅文献资料，进行社会调查，设计受控对比实验和数学建模实验。在学科课程中也开展研究性学习，以数学课为例，一方面开设选修课，如开设数学思想方法选修课、数学史选修课、初等数论选修课、数学竞赛选修课、数学建模课等；另一方面也在常规课堂教学中融入研究性学习，并重点放在资料的选择和学生学习积极性的调动上。教材中的某些章节本身就有研究性学习专题，如"杨辉三角"研究性课题中，学生不仅研究了课本提出的相关问题，还自己提出并解决了更多的问题。在资料的选择方面，充分挖掘知识的背景，力图再现知识的形成过程，让学生在研究和探索的过程中体会知识产生发展的过程，以及相互之间的联系。这样的课通常以探究课或讨论课的形式出现。

第七章　数学教学内容的组织与调整

在设计教学内容过程中，为了照顾学困生、学优生以及学习中等水平学生（以下简称"学中生"）的学习差异，教师需要在教学内容上针对不同层次的学生有不同的指导策略，既要注重学习内容的课前铺垫和课后巩固训练，又要特别关注教学内容的挑战性和情境性。

第一节　学习内容的课前铺垫和课后巩固

在学习新内容之前，特别是学困生，需要为他们提供个性化的学习辅导，这种辅导应该是形成性的，持续贯穿整个教学过程。为了有效地帮助学生，辅导应关注以下四个环节：课前铺垫辅导、课中及时引导、课后巩固训练以及单元综合辅导。

一、课前铺垫辅导

教学中，大多数的教师都注重课后的辅导与训练，针对刚刚教授过的内容进行巩固和指导。殊不知，课前的铺垫辅导尤为重要，教学中产生的学习差距，往往是学生在学习新知识之前就已经存在。按照"掌握学习"的理论，只要给学生提供必要的认知前提行为、积极的情感前提特性，并接受高质量的教学，那么学习成绩之间的离差就将缩小到 10%，或者说 90% 以上的学生都能取得优秀成绩。❶

（一）缩小认知准备上的差距

通过分析学生学习数学困难的原因，可以发现如果不是因为先天因素造成的学习困难，后天的教育环境以及学习习惯是影响数学学习效果的重要因素，特别是认知基础上的差异，是造成数学学习困难的主要原因。学困生由于前面的知识技能掌握得不好，或因新课中知识点多，难度大，接受有困难，都需要教师在课前给予辅导。教师往往习惯于课上用 3~5 分钟时间复习旧知，以旧引新，这种做法对学习程度较好的学生的确能起到铺垫作用。但这几分钟的复习，对学困生是不够的，课前还应给予指导帮助。

以黑龙江大庆市大同区 33 中学于娜老师教学"全等三角形的判定定理 ASA"为例。在上课之前，于老师对授课班级内的全体学生进行认知前测，测查结果显示，班级内有接近 50% 的学生不能正确寻找角所对应的边，于是于老师特意设计几道这样的练习题，提前辅导那些没有掌握这部分知识的学生，做好认知铺垫，降低学生学习三角形全等判定定理的难度。

（二）弥补认知经验的不足

数学与现实生活联系紧密，现实世界中的很多问题都可以归结于数学问题。法国著名的数学家笛卡尔曾经说过："世界上所有的问题都可以转化为数学问题，所有的数学问题又可以转化为代数问题，而一切代数问题又都可以转化为方程。"虽然这种思想有些绝对化，但也充分说明了数学既来源于现实生活，也服务于现实世界。数学是对现实世界的抽象概括，现实世界是数学知识的承

---

❶ 华国栋. 差异教学论 [M]. 北京：教育科学出版社，2010：14.

载载体。数学教学应密切联系学生的生活实际，从学生的已有经验出发充分关注学生的生活体验。

如果教师在设计教学情境时，发现学生对这个情境并不熟悉，那么处理方式有两种。一种是根据学生的年龄和生活经验，改换为学生比较熟悉的教学情境。比如，教师在讲负数的时候，有的学生在表示海拔高度时，对低于海平面的高度用负数来表示不太理解，那就需要教师转换教学情境，用学生比较熟悉的生活经验代替此情境，比如低于 0℃ 的气温和地下室的深度。第二种是为学生做好认知经验的铺垫，比如教师在讲两列火车相遇或者同向而行的追及问题时，有的学生可能没有注意过这个现象，教师可以通过实物演示或者动画演示等弥补学生认知经验上的不足。

总而言之，教师在设计教学内容时，要对学生的生活经验有充分的了解，针对学生学习经验不足的问题，做出相应的处理。

二、课中及时引导

在课堂学习中，许多学生由于认知准备上的不足，面临对概念理解不深刻或完全不理解的挑战。为了应对这一情况，教师需要提供及时的辅导支持。这包括为学生提供专门设计的辅助性提纲和问题，以帮助他们更好地理解数学概念。此外，教师还可以引入适当的学具和辅助材料，以提供直观、具体的教学支持，有助于弥补认知准备的不足。主要的方法包括设计有梯度的学习任务、及时的认知铺垫以及同伴的帮扶和指导。

皮亚杰认知发展阶段理论告诉我们，当理解某个知识点或者解决某类问题所需要的思维方式与学生的思维方式存在很大差距时，这个知识点对学生是难以理解的，这类问题也是难以解决的。所以单纯地从数学的严谨性、逻辑性来设计探究任务，不深刻理解学生所处学习阶段的思维方式，设计的学习任务就可能超出学生的最近发展区，增加了学生学习的难度。教师（无论是青年教师还是成熟教师）对自己刚刚上过的课进行反思的时候，经常会说："我没想到学生会在这个地方卡住，我在其他班级上课的时候就没有遇到这个问题。"这就说明教师对这个班级学生的思维方式是不清楚的，在教学中"栽跟头"也就难免了。

有经验的教师都会设计有坡度的学习任务。所谓有坡度的设计，其理论基础主要来源于"支架"理论，当学生对活动或问题感到困难或无措时，教师可以适当地提供"教学支架"，把难以一步解决的任务降解为可处理的"小微"任务，并唤起学生对"小微"任务的注意。实际教学中，教师需要根据学生的学习程度和问题的难易程度来提供适合的"教学支架"。

对于那些在数学学习中面临较多困难的学生，尤其是那些难以达到课程标准所要求的最低学习目标的学生，应采用较为渐进的探究活动。这包括设置坡度较小的任务，为学生提供更多的学习支持，以确保他们能够轻松地进入学习任务，并获得更多成功的经验。在这个过程中，可以通过设计一系列较小的问题作为引导，帮助学生逐步理解和应用数学概念。相反，对于学习能力较强的学生，更适合采用发现式探究的教学方法，以促进他们思维能力的锻炼和培养。通过引导这些学生面对更具挑战性的问题，激发他们的好奇心和独立思考的能力，有助于深化他们对数学的理解，并提高解决问题的能力。这样的教学方法更注重培养学生的创造性思维和解决实际问题的能力。总体而言，适当降低学习难度，为有困难的学生提供更多支持，同时为学习能力较强的学生提供更具挑战性的任务，有助于最大程度地满足每个学生的学习需求。

例如，指数函数是高中数学课中比较难理解的数学概念，为此，在指数函数概念学习之初，需要教师进行一定的认知铺垫，通过一系列的铺垫来诱导学生逐步理解指数函数及其性质。有的教师创设细胞分裂和放射性物质衰变的问题情境，学生据此得出 $y = 2^x$ 和 $y = 0.84^x$ 两个函数关系式。在此基础上，教师引导学生再列举类似这样的函数关系式，并思考它们的共同特点，学生提出猜想，这样的函数关系式的一般形式是 $y = a^x$。针对此函数模型，教师又提出了第二个问题，为使得函数模型 $y = a^x$ 能刻画自变量在指数位置的特征，那么 a 有什么取值要求？在这个环节，很多学习困难的学生会不知所措，为此老师向学生提供了具体的事例，如当 $x = \frac{1}{2}$ 或者 $x = \frac{1}{4}$ 时，$a = (-4)$，学生结合前几节课学过的实数指数幂的性质推理出 $y = (-4)^{\frac{1}{2}}$ 和 $y = (-4)^{\frac{1}{4}}$ 是没有意义的。在学生弄清楚 a 的取值范围后，教师又抛出一个问题，你打算如何研究指数函数的性质，一般研究哪些性质？学生通过幂函数的研究，掌握了研究一类函数的一般过程和方法，对指数函数的研究只需要将研究幂函数的方法迁移过来即可。

辅导提纲和问题的设计应注重学生的认知水平和学习难点，以引导他们深入思考数学概念。为了进一步巩固理解，教师可以配备实物模型、教学视频、练习册与解答等学具和辅助材料。这些工具有助于将抽象的数学概念转化为更具体、更直观的形式，从而提升学生的学习体验。利用课上的间隙时间和其他学生练习的时间，教师可以有针对性地回答学生的疑问、解释概念，并提供额外的辅导。通过个性化的支持，教师能够更好地满足学生的学习需求，确保他们在数学学习过程中获得深刻的理解。这样的教学策略有助于提高学生对数学概念的认知水平，促进他们的学术成功。

同伴指导策略作为有大量实践基础，并且被证实可行有效的策略，目前在学困生的学习中得到了广泛应用。一般情况下，对数学学困生的同伴指导主要有三种，所涉及的范围和人群依次缩小。①首先是跨班级同伴指导，这种方式在我国比较少见；②第二种是班级同伴指导，同伴的选择依据有认知基础、情感基础或理解基础等；③第三种是小组内同伴指导。后两者在我国数学教学中较常见。

有时候，可将第二种方式和第三种方式结合，形成互帮互助小组，以小组为单位进行各种学习活动。同伴指导策略的实施不受课程内容和教学方式的限制，这是一种方便、经济有效且节约时间的做法。这种方法适用于不同能力水平的学生，通过小组合作，可以促进学生之间的相互学习和协作，增强他们的数学理解和解决问题的能力。研究表明，同伴指导策略对学困生学业成绩的提高以及情感的发展都有很好的效果。

三、课后巩固训练

行为主义学习理论的大量实践表明，数学新知识和概念的有效掌握，需要一定量的练习来确保其真正被消化和巩固。在我国，数学教学尤为注重练习的作用，通过大量的练习，学生能够熟练掌握并运用所学知识，这就是所谓的"熟能生巧"。

对数学学习感到困难，原因可能包括认知储备不足和学习速度跟不上等。为了解决这些问题，学生在学习新知后，不仅需要在课堂上及时得到辅导，消除学习中的困惑，还需要在课后进行及时的巩固和强化。首先，他们需要熟悉和消化新学的知识，对在课堂上不理解的部分进行深入的探讨和解析。其次，对新知识的巩固和练习也是必不可少的，这样可以确保知识被牢固地印刻在记忆中，从而能够灵活运用，达到举一反三的境界。

辅导时不需要面面俱到，应围绕教学重点方面和基本要求反复强化，在辅导完当天教学的内容后，还要按照个别教学计划中的要求，对特殊需要的学生进行辅导和训练。❶

---

❶ 华国栋.差异教学论[M].北京：教育科学出版社，2010：121.

四、单元综合辅导

德国心理学家艾宾浩斯的遗忘曲线提示，当我们在辅导学生学习时，需要按照遗忘的规律加以逆向复习和巩固，如此，学习的效果才会大大增强。

在单元综合辅导中，教师的角色起着至关重要的作用。

首先，教师应指导学生如何进行有效的复习。例如，在上完一节课后，教师会指导学生认真回顾课堂所学内容，如同放映"电影"般在脑海中重现课堂内容。通常，能够清晰回忆的部分往往是已经理解的部分，而印象模糊的部分则代表还未完全理解或听懂。对于未能完全回忆起来的内容，学生需要对照笔记进行针对性的复习。这种方法既有助于提高记忆效果，还能帮助学生抓住重点和难点，确保学习的深入和全面。

其次，教师引导学生通过重温笔记或课本的方式，进行认知加工，强调关注重点内容，并以简要的方式表达个人理解或体会，形成简要批注。通过勾画重点，教师引导学生将注意力集中在课程的核心概念和关键信息上，从而促使学生在记忆和理解上更有针对性。通过自我表达理解或体会，学生被鼓励以个人的方式解释和内化学过的知识，这有助于将信息从短时记忆转移到长时记忆，并建立更为牢固的知识结构。简要批注的过程也涉及元认知的调控。学生在为学习材料添加个人注解时，需要反思自己的理解水平，从而促使元认知策略的运用，提高对学习过程的监控和调整能力。通过调动学习者的注意、深层加工以及元认知能力，促进对学科知识的有效掌握。

最后，指导学生圈画思维导图，通过气泡图、流程图、括号图以及树形图等形式总结、概括单元学习内容，既能提纲挈领，又能为以后系统复习做好准备。

单元的综合辅导还需要充分发挥家长和同伴的作用，为学生制订一定的复习计划和方案，落实辅导的时间，指导他们辅导的方法，并及时了解他们辅导的进度和效果，提高辅导的质量。在单元学习期间，教师需要充分利用学习间隙，帮助学困生复习和巩固，做到强化训练，达到长时记忆。每个小单元都要帮助他们将知识理成体系，促进知识正迁移。同时，要进行小单元检测，根据检测情况找出知识技能的缺陷，以便有针对性地辅导。

小学数学学科根据内容有大小单元之分，小单元的学习需要 1 周的时间，大单元的学习需要 3 周时间，一般的单元需要 2 周左右的学习时间。中学数学学科的单元学习需要的时间比小学时间长一点，一般情况下，小单元需要 1~2 周时间，大单元学习时间需要 4 周时间。根据单元学习时间的长短，教师需要不断调整复习和巩固的策略，对时间为 1 周左右的小单元的复习，教师要根据大脑遗忘的规律，做好第一天、第二天、第三天的巩固练习计划，从而帮助学生记忆巩固。对学习时间需要 4 周左右的大单元，教师除了做好第一周复习巩固的学习计划外，还需要制定第二周、第三周以至于第四周的复习方案。

在进行单元巩固练习的时候，要经常对学生的学习进行检测。数学学习的规律是必须及时地巩固、练习和拓展，才能进一步加强学生学习的效果。可以采取短时、微型的测试。比如，单元微测只需要针对学生的易错点和重点难点处进行小型检测，时间以 5~20 分钟为宜。测验的目的是了解学生达到学习目标的情况，而不是划分学生学习的等级。可以把单元微测当作一次练习，测验时间或长或短。测验题也不必由教师逐一批改，可宣布答案，学生自评或互评，教师再审阅，看是否达到规定的目标，并对错误及时矫正。对未达单元学习目标 85% 以上的学生，辅导以后再进行平行测试，直至达到标准为止。

当然，单元微测、辅导矫正会增加学生一些学习的时间，特别是对那些少数学习能力较低的学生。但这只是暂时的现象，因为"必备的学习材料的掌握将促使所有学生以类似的动机和相关的知识学习新材料，学生的差距会日趋缩小"。布洛克 1974 年、1978 年的研究对此提供了足够论据。对于学习困难的学生，开始时小单元检测的标准可比其他学生低一些，以使其能通过，从而树立学习信心，再逐步提高要求。❶

第二节　教学内容的结构化和问题化

为了让每个学生都在课堂教学中获得最大的发展，教师需要对教学内容进行拓展深化或者形成问题式学习内容等。

一、教学内容的拓展深化

（一）教学内容的结构要素

教学内容的建构不仅包括课前的开发，还包括教与学行为发生时教师和学生的现场开发。由于教学情境的独特性和动态性，教师对教学内容的挖掘贯穿教学前、教学中和教学后。课前开发的教学内容形成静态的教案（教学设计），课中将静态的教案转化为动态的教师和学生提问与问题设定之类的语言行为、学生作业、考查报告、师生的语言操作等。这种教学过程中的文本又大致可以分为两种：一种是相对现成的文献形式的文本，能够形成教学的媒介过程与习得过程之基础的文本，诸如教科书文本、资料文本、学生生产的报告文本、练习文本、同媒体结合的文本；另一种是在教学沟通过程中所生产的种种文本，诸如板书、教授、对话、讨论笔记、摘要乃至对学生的操作活动进行的激励和发出的指令。教学以第一种文本为基础，并在第二种

---

❶ 华国栋. 差异教学论 [M]. 北京：教育科学出版社，2010：122.

文本的创作中变革第一种文本，从而形成新的沟通产物，此两种文本的合璧生成了教学内容。❶

（二）教学内容深化拓展的策略

我国教师现在使用的教材是教育主管部门召集全国优秀的学科专家、学科教学专家以及课程专家等人组织编写，经过几轮的实验验证，最终形成的教学素材。中小学数学素材的编写，需考虑到全国大多数学生的接受理解能力，具有普适性和大众性，在难度上会有所控制，这就未必适合数学优秀学生和数学学习困难学生的需求。国内外的研究表明，数学课程如果对学生缺少挑战性，学习优秀的学生就会感到枯燥乏味，对数学学习失去兴趣，就不会有突出表现。优秀学生低成就的原因之一就是缺乏有挑战性的课程。❷基于班级中等学生选择教学内容的实践做法，对于数学优秀的学生来说，挑战性很小。但是受现行课程管理的限制，在教学中选择别的教材是不现实的，所以采取的做法是在使用指定教材过程中，在内容上可适当拓展深化。

1. 教学内容的结构化

良好结构的学习内容有助于学生形成良好的认知结构，从而有助于他们同化新知识，解决问题时又能顺利提取知识和灵活运用知识。

《课标 2022》的发布为我们传递了一个强有力的信号，那就是要将教学内容结构化。课程内容的结构化是本次课程标准修订的基本理念之一。《课标2022》要求对原有课程内容进行重新整合，对同一主题下的相关内容进行合并、删减或调整，以形成清晰、鲜明的整体结构。这种学科内容的结构化不仅包括学科内容的横向整合，也涵盖了学段之间内容的纵向进阶。这种结构化不

---

❶ 张华.课程与教学论 [M].上海：上海教育出版社，2000：191.

❷ 王光明，宋金锦，佘文娟，等.建立中学数学英才教育的数学课程系统——2014 年中学英才教育数学课程研讨会议综述 [J].课程·教材·教法，2014（34）：122-125.

仅明确了知识技能在学科知识结构中的地位和所承载的教育价值，还提醒教学实践应采取整体有序、多样综合的方式，深入挖掘知识的育人价值。课程内容结构化，有利于克服教学中知识点的逐点解析、技能的单项训练等弊端，引导教师主动变革教学实践，从关注知识技能的"点状传输"自觉变革为关注学生对知识技能的主动学习和思考，关注教学的关联性、整体性，关注学生在主动活动中所形成的知识、技能、过程、方法、态度、品格、境界的综合效应，关注学生核心素养的养成。❶教学中如能将知识连点成线，连线成面，点、线、面结合，不仅有利于优秀学生丰富联想，全方位思考，以更好解决问题，对普通学生也是非常有效的。

数学教学内容是通过节点、连线的方式在学生的头脑中逐渐建构起来的，教师在教学中要抓住主要的、本质的知识，并将它们按照一定的逻辑脉络串联起来，体现系统化的概念、规律和公式单位的数学思想方法，使学生充分体悟和把握数学知识和方法的结构，体验数学知识的发生、发展过程。具体地讲，如在进行算法教学时，算法中蕴含的构造思想、机械思想以及优化思想等与算法的程序框图、算法语句以及计算机语言等知识单元组成知识组块，可将前者作为连线，后者作为节点构成算法知识的网络图式，围绕算法呈辐射状向各个知识点辐射渗透，形成重要的知识系统，存储于人脑之中。

因此，在数学教学中，教师要通过类比、联想、猜想以及将问题一般化和特殊化等逻辑思考方法，引导学生形成良好的思维模式。教师要培养学生寻找不同表现形式的数学对象之间本质的一致性或相似性的活动；或者根据实际问题的需要将同一个数学对象用不同的方式表示；或者对同一数学对象用正例或反例进行验证或反证。特别地，教师在教学过程中，要善于渗透高度概括性的数学思想方法，用数学思想方法作为图式结构中的核心，通过思

想和方法连接数学概念和数学原理，使其成为系统的知识组块存储于学生的记忆中。

2.教学内容的系统化

教学内容拓展深化可以从课程标准的某一锚点为基础，系统化这部分知识点，具体策略有以下几种。

（1）关注中国各个时期不同版本的数学教材，这些教材中的内容都曾是经过专家反复推敲，精心挑选的。有些内容虽然没有出现在当前课本中，但它们的教学价值不容忽视。

（2）重点参考初中、高中的《数学竞赛大纲》，大纲旨在"对于学有余力并对数学有浓厚兴趣的学生""为他们设置一些选学内容，提供足够的材料，指导他们阅读，发展他们的数学才能"，初高中数学竞赛的测试内容虽然有许多超出课程标准，但仍以课程标准为基础。结合课程标准，内容由课内向课外自然拓展，逐步深化。

（3）小学与初中、初中与高中以及高中与高等数学相衔接的内容。数学优秀生的数学学习并不局限于本学段的数学内容，或仅在学校的考试中取得好的数学成绩，许多学生会自学高一学段的数学内容，教师需要为其提供这方面的内容。经过拓展深化，增强数学知识的完整性和系统性，使学生形成深厚、完整的数学基础。不同章节的内容在拓展补充时各有不同的侧重点，在教学安排时需整体考虑，统筹规划，以减少随意性。

3.大概念引领下的单元整体设计

在加深拓展教学内容时，提倡以单元设计作为基本支点，推动教学内容的结构化和系统化。在进行单元整体设计时，需要找准合适的支架，就像部编本语文教材单元的设计一样，需要有单元的主题和所涵盖的语文学科素养。虽然数学学科每个单元都有单元主题，但是如果以单元主题作为单元统合的支架，会存在学科素养不知落在何处的感觉，为此国内外学者皆将目标指向"学科大概念"，提出学科大概念是对学科知识的精炼和整合，是引导学生深入挖掘学科本质，促成知识理解、素养培育落地的锚点。因此，研究认为大概念视角下的单元整体教学可以遵从以下步骤：第一步，明确具体的学科核心素养指向，结合课标中的内容要求，提炼学科大概念及关键概念，其中关键概念是大概念的细化和延伸。第二步，规划与大概念及其关键概念相一致的大任务或大概念，并结合学情确定单元教学目标。第三步，通过对不同版本教材中大概念统摄下的相关单元的编排分析，明确素养培育指向下的单元教学主题及结构。

比如人民教育出版社七年级数学教材上册"一元一次方程"单元，在明确学科核心素养时，可以参照《课标2022》的九大核心素养，其中模型观念素养渗透在初中数学教材中的方程模型、函数模型等。而一元一次方程是学习方程模型的具体单元，为此本单元的学科核心素养为数学建模，大概念是"方程"，单元整体设计时，就以"方程"作为单元设计的具体锚点。

二、在解决真实问题中深入理解数学内容

弗赖登塔尔反复强调：理解是数学教育之价值所在，数学学习离不开"再创造"，"接受—建构—探究"式教学应成为数学概念理解性教学之主要模式，学生自主探究式学习是数学概念理解之方式与任务。[1]学生的"主动探究"和"再创造"是外部操作与内部思维活动相统一的过程，强化概念图式的形成，达到对数学概念之彻底理解，是数学概念理解的重要途径。这里的"再创造"并非要求学生机械地重复数学历史中的"原始创造"，而是应该在具体的问题环境中，让学生根据原有的知识经验，运用自己的思维方式，重新建构和创造符合自己特性的数学概念理解图式。

在解决真实问题的过程中，对问题的分析以及解决问题需要运用哪些数

---

❶ 弗赖登塔尔.作为教育任务的数学[M].陈吕平，等，编译.上海：上海教育出版社，1995：29.

学概念、定理或者符号，都需要学习者周密思考、分析判断概念的适切性，这样的思维"过滤"历程，如果不能对概念的本质和适用的情境深入理解，是不能做出正确判断的。换而言之，即使最初对概念本质和适用情境不熟悉，导致问题研究被迫停止，学习者也会回到问题研究的原点，直面外在的世界，反反复复思考。困惑、犹豫、苦恼、尝试错误，这正是问题学习所隐含的重要的学习精髓。因此，通过彷徨、徘徊，判断、抉择，经过"山重水复疑无路，柳暗花明又一村"的艰苦抉择，再次理解概念的内涵，重新预判和制定新的执行方案，经过多次理解、修正，对概念的内涵与外延得到进一步升华。❶正如皮瑞和基伦（Pirie & Kieren）提出的"超回归"数学理解模型所述，数学理解分初步了解、产生表象、形成表象、关注性质、形式化、观察评述、组织结构以及发明创造八个水平，学习者在对概念进行理解时，并不是按照线性、递归的序列排列的，而是一个不断折回、不断反复的认知过程。❷所以数学概念理解也遵循这样一个动态的、分水平的、非线性发展的、反反复复的建构过程。

基于问题的学习设计基础是建构主义理论和认知学习理论。建构主义理论者认为学生是在数学理解上不成熟的学习者，但只要他们全身心投入数学学习，在教师和同伴的支持下，就会在问题解决中"建构"意义，对数学有更深入的理解。所以在问题解决过程中，教师不再是信息提供者，而是提供学习机会和适当支持以帮助学生发展其对各种数学技能的理解的促进者，从旁协作，支援学习、引领学习。从这个意义上说，数学教师应该更多地充当解决问题技巧的"教练"，而不是"告知者"。因此，学习者在解决问题时，教师最重要的责任并不是直接提供知识，而是在学习活动中不断地提出问题，促进学习者不断地思考。

---

❶ 燕学敏. 项目式学习实施中概念教学的问题与对策 [J]. 教学与管理，2020（28）：33-36.

❷ 王兄. 数学教育评价方法 [M]. 上海：上海教育出版社，2018：156.

根据这一观点，教师要想有效地进行引导，就需要培养一系列的教学技能。首先，教师必须根据学生当前的数学技能和他们对问题的理解，了解学生可能需要什么样的支持。其次，教师通过倾听学生对问题的解决方案，提出有针对性的话题性问题来"指导"学生，这些问题旨在通过解决过程来指导学生认知。最后，教师需要针对每个学生的学习特征，提供有针对性的、适合学生发展水平的学习支持，并在以后的某个时刻，随着学生理解能力的提高而撤回这种支持。

案例：北京市八一中学唐然老师执教的《长方体的实践探究》

在五年级下册开学初第一节的目录课上，学生们就提出了他们发现的问题：二单元长方体（一）和四单元长方体（二）的单元名字长得这么像，它们一定有联系。在对学习内容进行回顾整理时，不断地适时引导学生持续思考，产生新问题。学生提出了自己的疑问、困惑和想继续研究的问题。

学生提出了这么多有价值的问题和自己的困惑，关注到了长方体的本质特征，产生了进一步学习的需求。有的想知道还有哪些体积单位，有的想继续探究其他图形的体积，还有学生试图建立体积与表面积、体积与容积间的关系。但比较统一的是学生对长方体表面积与体积间存在的联系认识比较模糊，缺乏经历动手操作验证辨析的体验过程。图7-1为学生提出的问题汇总。

针对学生提出的问题，教师带领学生开展了系列教学活动，以便通过活动引起学生的深度思考。

活动一：梳理分类问题，解决简单问题

将课前学生提出的问题进行梳理分类，有些学生的未知是其他同学的已知，所以将简单问题在上课初始及时解决，最终剩下7个问题：

1. 如果用眼睛看不到长方体的宽，小到不能再小了，那也能叫长方体吗？

2. 知道长方体的表面积，能求它的体积吗？

3. 长方体的容积与体积有哪些关系？

4. 除了 mL 和 L，还有其他容积单位吗？

5. 有 m^4 吗？

6. 我想知道怎样求球的体积？

7. 如果是一个不规则图形，怎样求它的表面积？

8. 我觉得表面积越大体积就越大。

9. 体积扩大表面积就扩大吗？

10. 我认为体积增，表面积一定增，体积减，表面积不一定减（空心）。

图 7-1　学生提出的问题

1. 如果用眼睛看不到长方体的宽，小到不能再小了，那也能叫长方体吗？

2. 知道长方体的表面积，能求它的体积吗？

3. 长方体的容积与体积有哪些关系？

4. 除了 mL 和 L，还有其他容积单位吗？

5. 有 m^4 吗？

6. 我想知道怎样求球的体积？

7. 如果是一个不规则图形，怎样求它的表面积？

活动二：聚焦核心问题，动手操作实践，分类讨论解决

探究长方体表面积与体积间的联系这个问题是最具挑战性的，它是本节课重点研究的核心问题。教师给每组发放不同数量的小正方体小木块，同学们运用正方体小木块搭建不同形状的长方体，然后经过小组讨论、全班交流，来辨析长方体表面积与体积间的联系。

小组合作：

1. 用小正方体摆一摆、搭一搭，想一想长方体的表面积与体积间有怎样的联系？

2. 在学习单上画一画摆出的图形，记录你们的发现。

在解决问题的过程中，大家不断地动手搭摆操作、汇报交流、通过举反例等方法逐步验证自己的猜想，对长方体表面积与体积间的关系进行分类辨析，逐步厘清联系（见图7-2）。

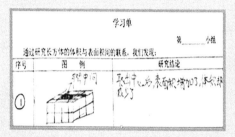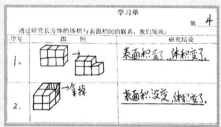

图 7-2　学生的发现

小组合作研究开始后，最初的全班汇报显得有些杂乱无序，但随着课堂汇报的逐步深入，在教师的引导下学生对问题逐渐清晰，进行了分类整理。

1. 形不变（长方体）（见图7-3）

（1）体积变（长方体伸、缩、切）：体积增大表面积增大，体积减小表面积减小。

（2）体积不变（相同数量的小正方体搭成不同的长方体）：体积不变，表面积变。

2. 形变（见图7-4）

（1）体外加（增：体积增大表面增大；移：体积不变表面积增大。）

（2）体上减（角上减：体积减小表面积不变；中间减：体积减小表面积增大。）

（3）体内挖空：体积减小表面积增大。

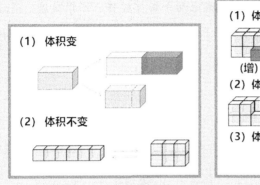

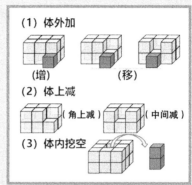

图7-3　形不变　　　　　　　　图7-4　形变

活动三：加深概念认识，发展空间观念

1.在动手摆搭的过程中，学生生成了一种拼搭方法（见图7-5）

借机讨论图7-5（a）和图7-5（b）体积是否发生变化？进一步明晰体

积概念

2.求体积，空间想象

思考推测：如图7-5（c）所示，要搭成一个长方体，最少还需要几个

小正方体？

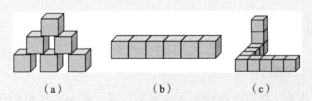

（a）　　　　　　（b）　　　　　　（c）

图7-5　学生的不同拼搭方法

活动四：回顾提升，回顾活动过程，反思提出问题

在这节课的最后，鼓励学生回顾本节课的研究过程，有了哪些认识，

又产生了哪些问题？学生提出长方体和正方体都属于直柱体。可以进一步

思考，是不是所有的直柱体的体积都可以用底面积乘高来计算？这个问题

非常有研究价值，思维层次明显又上了一个台阶。

　　本节课的研究源于学生自己提出的感兴趣的问题，解决自己的"提问"加上动手实践操作、合作交流讨论、分类辨析的"体验"，增强了学生们对课堂任务的兴趣和专注度。有的学生倾向于提出具有挑战性的问题，有的学生则倾向于提出由简单的初始问题变化而来的问题，学生间依然存在着思维层次的差异。

第三节　教学内容的情境化和活动化

　　以学生的数学认知基础和认知经验为教学起点，主要有创设问题情境、积累单元活动经验等做法。

一、创设问题情境

　　随着课程教学改革的深入推进，以及学习科学、神经科学、人工智能的日益成熟和深化，教与学的研究由最初的关注形式与技术层面转向对学习过程的深刻探究。注重深度学习，关注学生情感、态度、价值观的形成，注重培养"完整的人"成为国际共识。学生在数学学习中，不仅要学习数学知识，同时也要学习数学知识产生的过程、数学历史，数学课程要实现本身所承载的教书育人的功能，触动心灵深处的学习反映在实践中即是问题情境式学习，体现在数学教学中，则关乎数学学科的历史、数学的本质规律、数学的思想方法、数学的逻辑关系以及数学的具体应用等方面。

　　在教学过程中，教师并非能够直接传递知识给学生或替代学生的学习过程，而是要能够激发学生主动进行学习。学生在学习过程中，所获得的知识广度、理解的深度、领悟的层次，以及所形成的认知结构，皆源自其个体投入的积极程度。这一观点与建构主义学派的主张相契合，即学习应当是学生自主构建知识体系的过程，教师的职责在于创设启发性的学习环境，提供丰富的学习资源，以点燃学生思考和探索的热情。学生的学习成果与其对学习任务的投入程度紧密相关，这涵盖了他们对学科知识的深入探索、发掘自我潜能以及解决问题和运用知识时所展现的积极态度。

因此，教学不仅是知识的传递，更是引导学生主动构建知识的过程。学生在学习中的表现和收获与他们的学习动机、学习策略以及对学科内容的深度理解等因素密切相关。这种基于学生主体性投入的教育理念有助于培养学生的自主学习能力和深层次的理解。教师的帮助固然极为重要，但是，如果没有学生的学习，教师的"教"（帮助）就没有了意义。因此，学生是学习的主体，教学的核心是学生的学习，问题情境的设计则是开启这样学习的"密钥"。

建构主义教育观下，学习者被视为知识的主动构建者，因此在进行数学活动时需要考虑多方面因素。首先，建构者需综合考虑数学活动的环境和产生数学行为的条件。这包括确保学习环境能够激发学生的学习兴趣，提供合适的学习资源，并创造积极的学习氛围。在大量信息中，建构者需要进行联想、迁移，以及发现数量关系和空间形式的内在联系。这涉及学生在学习过程中如何整合和应用不同的数学概念，形成综合的认知结构。此外，提出具有挑战性的问题是激发学生主动思考和探索的关键。这些问题应该能够引导学生深入思考，并促使他们进行深层次的学习活动。通过挑战性的学习活动，建构者旨在调动学生的全身心投入，包括思维、情感、态度以及感知觉等方面。学生在参与"探索""发现""经历"知识的形成过程中，能够获得更为深刻和持久的理解。最终，通过体验挑战成功的成就感，学生将更加积极地参与学习，并培养对数学学科的兴趣和自主学习的能力。这一方法强调学生的主动性和参与性，有助于促进深层次的学习。

所以数学情境的设计指的是构建一个有利于进行数学活动的环境，提供促使数学行为发生的条件。在这个环境中，学习者通过联想、想象和反思，发现数量关系与空间形式之间的内在联系，并通过主动的思考和探索来理解数学的本质。在情境中，学习者将通过探索性学习的方式，提出问题、研究问题，并寻找问题的解决策略和方法。这个过程强调学习者的主动参与和独立思考，通过发掘数学概念的内在联系，培养学习者解决实际问题的能力。在解决问题的过程中应伴随着积极的情感体验，这种对新知识的渴求、对客观世界的探索欲望以及对数学学科的热爱有助于激发学习者的学习动机，使其更加专注和投入到数学学习中。

那么在教学中，教师如何设计有效的数学教育情境才能弥补学生认知经验上的不足？为了让学生全身心地投入数学学习中，陶醉其中，获得身心的愉悦，数学情境的设计可以着重从以下五个方面进行思考。

（一）数学概念、定理以及符号等产生的历史根源

数学历史上，几乎每一个概念、定理、符号的产生都有其产生的数学背景和问题情境，在学习相关概念、定理时，教师可以根据它们的历史设计问题情境，引领学生理解这些知识的来龙去脉。例如，初中生在进行"球的表面积"公式推导时，可以呈现数学历史上不同文明对"球表面"的推导过程，这对于初学球积的学生来说，非常有益。

学生通过学习这些资料，认识到数学并不是冷冰冰的结论的堆积，数学上任何概念和定理的出现都不是一蹴而就的，是一代或者几代数学家们孜孜不倦地艰苦求索获得的，是数学家们在积累错误的基础上，最终寻找到的真理。从而增强学生学习数学的自信心，也为学生深度理解概念做好认知铺垫。

（二）挖掘数学概念、定理以及规则等知识的本质和规律

数学概念、定理等知识本身就有很多吸引人探究的地方，教师在设置问题情境时，可以直击现象背后的本质和规律，设计激发学生兴趣的问题情境。

例如，教师在讲解立体几何时，利用实物图形，结合学生的实际情况，给出异面直线、异面直线所成角等概念，如果用两根直棍代表直线，为了让学生了解两条异面直线所成角，教师可以保持一根不动，另一根旋转两次，让学生观察经过两次旋转，这两根直线的相对关系发生了什么变化？如果它们之间的角度发生了变化，究竟是变大了还是变小了呢？如果教师移动一根直棍，使得两根直线相交，学生会立即看出交角即是两条异面直线所成之角，从而能够真切地领悟异面直线成角的过程。

（三）数学的思想和方法

日本的数学教育家米山国藏曾经这样论述：在学校学的数学知识，毕业后若没什么机会去用，一两年后，很快就忘掉了。然而，不管他们从事什么工作，唯有深深铭刻在心中的数学的精神，数学的思维方法、研究方法、推理方法和看问题的着眼点等，却随时随地发生作用，使他们终身受益。❶数学的思想方法是数学的灵魂，对于学生的发展影响较为深远，深入挖掘数学知识中的数学思想和方法，了解其本质规律，结合其发展史，凝练并在其关键处设置问题情境，可以起到事半功倍的教学效果。

比如，向量的几何表示和代数表示赋予向量丰富的思想内涵，也决定了它与解析几何有深厚的理论根源和相同的思想脉络，向量的有向线段表示方法与解析几何中量的直线表示方法有许多天然的联系。平面直角坐标系中的两点间距离公式就是向量的模长公式；与已知直线平行的非零向量可以作为直线的方

---

❶ 米山国藏.数学的精神、思想和方法 [M].上海：华东师范大学出版社，2019：1.

向向量以及与直线方向向量垂直的向量可作为直线的法向量。直线的斜率实际是其方向向量的一种表现形式和特殊情形。利用直线的方向向量，可以立即写出直线方程的点斜式、两点式和参数式。❶

实际教学中，教师根据教学内容与数学思想史、数学家的思维模式，通过深入思考将三者有机地融合在一起，经过教师的消化、吸收并加以适当的发挥以问题情境的形式呈现给学生，以此缩短学生与数学家空间上的割裂感，在思想方法和思维形式上拉近学生与数学家的距离，从而使学生不再感到数学是陌生的、苦涩无味的。教师在实际教学中，设计这样的情境引导学生认识情境背后蕴藏的思想方法，可引起学生积极的探索欲望。

（四）利用学科之间、知识之间的联系与结构设置情境

在教学中，教师需要知晓两点，一是数学在生产生活中应用广泛，数学是所有数理科学的基础，数学的内容可以应用到其他学科，同样其他学科中的逻辑关系也可以辅助学生理解数学。二是数学是逻辑性非常强的学科，教材在编排过程中，前后内容是有逻辑顺序的，上下之间是有层次递进关系的。所以在设计问题情境时，需要"左右逢源、前后勾联"及与其他学科整合。

例如：在《向量的基本定理》一章中，教师设计了一种情境，一盏电灯，由电线 AO 和细绳 BO 拉住，CO 所受的拉力 F 应与电灯的重力平衡，拉力 F 可以分解为 AO 与 BO 所受的拉力 F_1 和 F_2，如图 7-6 所示。教师提出三个问题，逐渐引出平面向量的基本定理，这个情境及对情境的抽象概括既是学生在日常生活中经常碰到的生活场景，也是当初向量概念的发端之一。教师应首先阅读大量的向量历史材料，从中掌握向量的发展脉络，然后根据向量的起源，也就是问题的发展变化，浓缩成具有启发和情趣

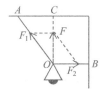

图 7-6　电灯所受拉力示意图

❶　陈雪梅.中学向量课程与教学的研究 [D].上海：华东师范大学，2007：57.

的问题情境，再根据学生的特点，提出具有挑战性和探究性的问题，从而使问题处在学生的最近发展区，使他们通过认真思考，动手实验，得到一个新的结论和结果，达到认知的新的发展区。在这节课中，教师有意识地设置了作为向量背景的力的分解和合成的课例，并在新课导入时就开门见山地提出问题：从物理学中力的合成我们知道了任意两个向量是"可加的"，从力的分解中，我们是否能得出任意一个向量一定"可分解"呢？既照顾了学生的先前认知基础，同时又向学生提出新的挑战。

（五）利用数学在现实生活中的应用来设置问题情境

在具体教学时，情境的导入有很多种方式，教师可以联系生活实际，创设与生活密切相关的情境。例如，斐波那契数列最初来源于现实生活中兔子繁殖问题，哥尼斯堡七桥问题的解决产生了数学上另一个分支——图论与几何拓扑等，许多现实生活中的问题均可以设计成一定的数学情境，并提出相应的数学问题，从而帮助学生认识新知、培养思维，进而提高解决问题的能力。

上述数学问题情境的提出，对教师的学科专业素养要求比较高，既需要教师有较高的数学历史文化素质、深厚的文化底蕴，还需要教师有丰富的社会生活经验，对学生的差异也要了如指掌，才能设计符合学科发展、具有现代气息，又能满足学生各种需要的问题情境。

二、积累单元活动经验

"基本活动经验"作为义务教育阶段数学课程标准中的"四基"之一，既是学生学习的主要内容，也是后继学习的基础。学生只有在体验、参与、交流和反馈后，才能真正地深入理解数学学科的本质，才能积累丰富的数学活动经验，也才能用数学的眼光观察现实世界，用数学的思维思考现实世界和用数学的语言表达现实世界，为后续的学习提供方法和策略上的指引，从而获得更高层次的活动经验，实现认知方式的优化和发展。积累学生单元活动经验的主要做法主要可参考以下做法。

在深度学习理论的指导下，教师可以设计一个基于解决关键问题的体验性学习活动。该活动将紧密围绕单元学习主题，明确单元教学目标，并精心安排单元学习内容。首先，要考虑学生已有的知识和经验，确保活动内容与他们的实际水平相匹配，并能有效激发他们的学习兴趣。其次，设计的体验性学习活动必须能够吸引学生全身心地投入，为学生提供一个亲身体验、经历知识形成过程的平台，在这个过程中，学生将不再是被动接受知识的角色，而是成为主动参与者，积极探索、发现并掌握知识。最后，通过解决关键问题，学生将展示他们对事物的新认识，呈现独特的思维特点。为了确保活动的有效实施，教师需要给予学生适当的引导和帮助，以促使他们能够顺利完成活动目标。同时，教师还要密切关注学生在活动中的表现和反馈，及时调整活动策略，以最大化学生的学习效果。

案例：北京市石油附属小学《长方体的认识》课例

为了既能让学生有意识激活并运用已有的生活经验，又能在动手、动脑思考中将这些原有经验加工成为自己的数学认识，北京市石油附属小学执教教师针对"学生是怎样认识长方体特征的"设计了一系列的活动并进行测查（调研问题：观察这个长方体，用自己的语言写一写长方体有哪些特征？），结果发现72.7%的学生关注到长方体的面，12.1%的学生关注到长方体的棱，有24.2%的学生关注到顶点（见表7-1）。

从调查的结果可以发现，"学生对于面的关注远远大于对于棱和顶点的关注。"但是对长方体的棱的掌握，进而深刻理解长方体长、宽、高是本单元的教学重点。因此，教师在教学活动设计时，"怎样的教学活动能让学生关注到棱"是活动设计的重要目的。备课团队选择了三种实施活动方案。

表7-1 学生对长方体特征认识的调查

关注的重点	人数/人	占比/%	学生在认识长方体时的不同认知表现	人数/人
面	24	72.7	有6个面	14
			6个面,其中4个面相同	5
			6个面,且对面相等	4
			一次最多看3个面	1
棱	4	12.1	有3组长宽高	1
			四条边相等的有2组	1
			每条边一样长	1
			长方体有棱	1
顶点	8	24.2	有角	1
			每个角都是直角	2
			有4个角	1
			有8个角	4

活动方案一:请你从8个面中挑出一些,拼出长方体。

用长方形纸板制作长方体,提供5×3、5×3、4×3、4×3、6×5、6×5、6×3、6×3的长方形纸板各若干个,结果发现全班同学有超过80%的学生关注到对面,近20%的学生关注到邻面,但是没有学生关注到"棱"。

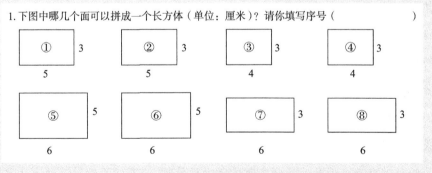

1.下图中哪几个面可以拼成一个长方体(单位:厘米)?请你填写序号( )

图7-7 长方形纸板

活动方案二：请你画出长方体的6个面，然后想一想能否拼搭出长方体？

通过统计，发现有60%的学生关注到长方体的对面，40%的学生从关注对面扩展到邻面，方案二的设计还是没有将学生的注意力从关注"面"转移到关注"棱"上来（表7-2）。针对活动方案二，84.8%的学生画出的6个面能拼成长方体，其中24.2%的学生画出的6个面能拼成一般的长方体，60.6%的学生画出的6个面能拼成四面全等的特殊长方体。针对第二种情况，教师进一步追问："一定是四个面相同才能拼出长方体吗？你能再设计一个吗？"学生进一步设计和实践，发现在"能拼成四面全等的特殊长方体"的20位学生中，只有5人认识到对面相同就可以设计出一个长方体，两次活动中，真正从对面扩展到邻面的认识只有8+5=13人，所占比例为39.4%。

表7-2　学生通过画出的6个面拼接长方体的情况

不同情况		第一次设计			第二次设计		
		人数 / 人		占比 /%	人数 / 人		占比 /%
能拼成	28	8	24.2	拼成一般长方体	20	5	15.1	正确
		20	60.6	拼成四面全等的特殊长方体		15	45.5	错误
不能拼成	5		15.1				

为此，教师又设计了第三种活动方案。

活动方案三：用面积单位为1cm²的方格纸自己设计制作长方体模型。

学生在设计长方体时，他们必须先在小组内商定要选取的任务，先要商定完成本组任务应该选取哪几种材料以及相应的个数，以便形成拿取材料所用的材料清单。在这个动手前的思考讨论过程中，学生们必须充分激活对长方体的所有认知经验并有意识地提取与特点相关的经验，经小组研讨才能确定所需材料。这样才能在下一步中准确取用必需的材料制作长方体模型。教师为学生设计了辅助工具，见表7-3。

表7-3　教师为学生设计的辅助表格

	第一面	第二面	第三面	第四面	第五面	第六面
长（cm）						
宽（cm）						

学生动手操作后，对学生进行第三次调研，调研结果显示学生对对面、邻面和"棱"基本上都关注到了，6个小组中有3组关注到"棱"。在这个过程中，学生经历了操作、填表、说理与归纳后，逐渐发展了推理思维。

设计单元活动时，教师首先需要考虑起始阶段学习活动，注重激发学生的学习兴趣，统领整个单元的教学；其次深入探究阶段的学习活动，主要为达成学习目标，聚焦关键问题的解决，发展学生的思维；最后展示交流阶段的学习活动，注重运用多种评价方式，使得学生获得学习的成功体验，评价学习目标的达成情况。

教师在设计学生单元教学活动时，需要单独安排一课时，对单元整体教学内容进行讲授和学习，从而让学生能够对单元内容有整体上的认识，积累一定的学习经验。

在设计活动时，教师需要对这些学习活动进行检验，通过检验与反思，审议与修正活动设计。检验的步骤主要有以下几项。

（1）转化学习目标：教师需要确保数学学习目标是否能被有效转化为具有挑战性和趣味性的任务，是否将课时学习目标从陈述句转化为引导深度学习的疑问句，以促使学生思考和解决问题。

（2）关注学科本质：学习活动是否直接关注目标中的重点和关键点，以确保反映数学学科的本质。同时，要考虑学生多种学习风格，确保活动的设计对不同类型的学习者都具有包容性。

（3）促进高级思维能力：教师需要确保学习活动是否能够有效促进学生数学"高级"思维能力的发展，包括分析、综合、评价等高层次的认知能力。

（4）提供支持与引导：教师在学生探究时是否能够提供必要的支持，包括为困难学生提供降低学习难度的提示，提供个别讲解和辅导等。同时，学习活动的阶段性是否清晰合理，符合导入、探究、总结、迁移等逻辑。

（5）促进深层次理解：学习活动的设计是否能够帮助学生深入理解教学重点和难点，确保学生在探究过程中达到更深层次的认知水平。

第八章　同质分层与异质合作的弹性分组

　　集体教学中照顾学生差异的做法通常有四种。一是校际分类，比如艺校、体校、盲校、培智学校等。二是校际分层，比如原来的重点学校与非重点学校，一般的做法是按照学生的综合能力和成绩进行层级的划分。三是校内分层，在同一学校内，根据学生的才能与学习成绩或者学生未来的职业规划将他们分为不同的班级或者采用不同的学制。比如，初中、高中学校的实验班和非实验班，选课走班或分层走班是其中的做法之一。四是班内分组，小组合作是其采用的主要形式。概而言之，如果以班级作为划分的标准界线，校际分类、校际分层和校内分层都是外部分组，其典型的特点是指将传统的按年龄编班变为按学生能力或学习成绩标准编班。而小组合作学习则是内部分组，内部分组主要包含两种方式，一种是在按年龄编班的班级内按学生能力或学习成绩编组，即同质分层；另一种是在按年龄编班的班级内按照学生的性别、兴趣、特长、能力等混合编组，即异质合作。

　　研究表明，同质分层与异质合作各有优势，也各有明显的不足之处。同质分层不仅具有明显的标签效应，容易对学生的心理产生负面效应，而且如果组内有几个相同特质的人才，他们有可能会只擅长一方面的任务，在其他方面可能处于弱势。比如，小组成员都擅长收集信息，相互建立联系，而弱于反思和行动；或者都善于领导别人，则易发生冲突，协作能力差。异质合作对学习优秀的学生不具有挑战性，懒于思考的同学容易对优秀的学生产生依赖心理，使学困生无法真正参与讨论和研究。因此，在实际教学中，小组合作宜采用隐性动态分层和异质合作相结合的方式。

第一节　异质小组合作学习的组织与建设

目前，内部分组存在的主要形式为混合编组，即所谓班级内小组合作学习。小组合作学习主要解决班集体教学中学生学业成绩两极分化，教师与学生、学生与学生之间互动少的问题，培养学生主动、合作、探究的意识和能力，有利于培养富有人文关怀和合作能力的现代人，为学生的全面发展创造适宜的环境和条件。

一、小组合作学习的优势

小组合作学习之所以受到世界上许多国家的关注和欢迎，主要有以下几方面的优势。

一是合作学习方式迎合了未来社会对人才能力的发展要求。在小组合作学习中，小组成员都要通过合作、交流、帮助、鼓励等手段与他人共同完成任务，每位成员都有可能担任不同的"社会"角色，从而提高了学生的社交能力，尤其是合作能力与责任感；学习者通过小组合作学习产生更多、更高水平的洞察力，认知能力，道德推理能力，更深入的理解力，更敏锐的批判性思维和更深的记忆。

二是小组合作学习丰富与坚实的理论基础促进学习者更大的成就动机和内在动机。对学习持更加积极的态度，能够从他人的角度看问题，换位思考建立起积极的、支持性的同伴关系，获得更大的社会支持。比如目标结构理论、社会互赖理论、选择理论、教学工学理论、动机理论、凝聚力理论、发展理论、接触理论等❶，这些理论奠定了合作学习的理论基础，同时也是个体人在社会大环境下成材、成功所必须具备的理论基础。

三是小组合作学习能够使学习者取得更高的成就，产生更多的有效行为、更少的破坏行为；保持更好的心理健康、心理调节和心理状况，更高的自尊和自信，更强的社交能力。有利于学习者在日常生活中迁移所学到的知识与技能。能够使学习者内隐的思维过程外显，更容易被监测、评价，有针对性地采取对策。❷

四是小组合作学习在改善课堂内社会心理气氛、大面积提高学生的学业成绩、促进学生形成良好的非认知品质等方面实效显著，赢得了国际教育界和我国教育界的高度认可。❸

五是小组合作学习中对生生互动的创造性的运用，是小组合作学习有别于传统说教式教学的重要特点。合作学习把生生互动提高到了前所未有的地位，并在整个教学过程中加以科学的利用。

在小组合作学习中，不同水平与能力的学生组成小组，彼此合作，满足各自的学习需求。对于成绩优秀的学生，教师期望他们能够更好地协助自己，扮演小组长或骨干的角色。这些优秀学生对所学知识的深刻理解和学习特点及思维方式，能够为其他同学提供启示。在合作过程中，学生的集体意识、组织能力、社会适应能力以及良好的心理品质都得到了提升。

二、小组合作的形式

在组织小组合作学习时，可以选择多种多样的形式，根据不同的标准或维度进行划分。

---

❶ 王坦.合作学习的理论基础简析[J].课程·教材·教法，2005（1）：30-35.

❷ 陈向明.小组合作学习的组织建设[J].教育科学研究，2003（2）：5-8.

❸ 刘玉静，高艳.合作学习教学策略[M].北京：北京师范大学出版社，2011：123.

一种常见的划分方式是按照空间分布形式，其中包括 T 型、马蹄型、蜂窝型、圆桌型、内外圈讨论等。这些形式都以打破传统的秧田型座位排列方式的基本模式，遵循"组内异质、组间同质"的原则来构建。

在 T 型合作学习中，学生们以一字型或者 T 字型的方式坐在一起，促使彼此之间更为紧密地合作。马蹄型合作学习则通过将学生们分成两个或多个小组，让小组之间形成半圆形的排列，以增强交流与协作。蜂窝型合作学习则采用类似蜂窝的六边形座位，使每个学生都有多个邻近的同学，方便信息的快速传递。圆桌型合作学习则通过将桌子摆成圆形，使每个学生都能够直接面对其他组员，促进全组的交流与合作。内外圈讨论则是将学生分成两个环形的小组，内圈和外圈的学生轮流进行讨论，增加了不同小组之间的互动。

这些合作学习形式的选择取决于教授的教学目标、课程内容以及学生的特点。通过这些多样化的合作学习形式，可以更好地激发学生的学习兴趣，提高他们的合作能力，促进知识的深度理解与应用。在组织这些形式时，教师还可以灵活运用不同的教学方法，创造更具有活力和互动性的学习环境，从而更好地满足学生的多元化需求。

如果按照组织形式来划分，小组合作学习可以分为小组讨论式、切块拼接式、任务分工式、作业互助式以及小组成绩分工式（见图 8-1）。小组讨论式是小组合作常用的形式，主要分为问题式讨论、循序式讨论、实例式讨论、自由式讨论、联想式讨论、话剧式讨论。问题式讨论是在讨论时，教师或者学生提出讨论的问题，小组成员围绕这些问题进行自主讨论；循序式讨论是学生观看指定的视频材料或者学习材料，在指定地方暂停进行讨论，然后再继续；实例式讨论是由教师提出实例后学生再讨论分析，并提出解决方案；自由式讨论的题目和方向主要由学生小组控制，教师只对辩论中异常问题或不相衔接情况加以评议；联想式讨论则是每个组员充分发挥自己的想象力，广泛联想，互相

搭载，对提出的看法深入讨论；话剧式讨论则是在课堂上虚构情境，按"脚本"进行讨论。❶

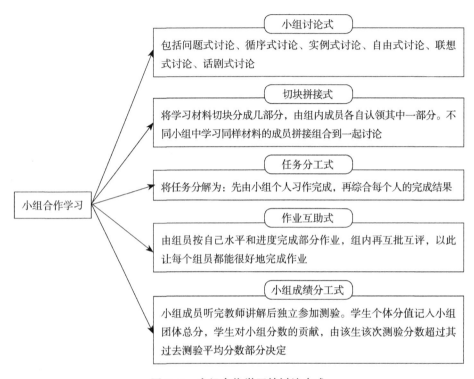

图 8-1　小组合作学习的讨论方式

小组合作的其他方式如切块拼接式、任务分工式、作业互助式、小组成绩分工式也是教学中经常运用的基本方式见图 8-1。小组成绩分工式记分的优点在于不管每个学生原来学习基础如何，只要他积极努力，都能为自己的小组作出贡献，在这里起作用的是学业的进步，而不是学业的成功。❷

❶　华国栋. 差异教学策略 [M]. 北京：教育科学出版社，2006：162.

❷　同❶.

三、小组合作学习的周期

小组合作学习组织的发展，不是一蹴而就的，一般而言，小组合作学习从最初的创建到最后的顺利运行，需要经历一个"生命周期"，汉迪（Handy）将其概括为初步形成阶段、冲突磨合阶段、规范发展阶段以及正常运作阶段。[1]在同一班级内，尽管同学之间都互相认识，但是由于没有合作过，每个人的性格、兴趣、特长以及风格都互相了解不深，这些不同的个体为了一个共同的学习目标组成一个学习小组。

在小组初步形成时，各成员都有自己的打算、专长和期待，小组的合力还没有形成，这个时期他们需要互相了解、互相熟悉，经过商量，初步形成小组文化，逐渐确立基本活动原则，分工也开始明确。

经过一段时间的了解和熟悉后，小组开始进入到"冲突磨合"阶段，通过前期的合作，在完成任务的过程中，个体的性格特点和兴趣特长得到充分暴露，有的人承担起应有的责任，有的人充分发挥了个性特长；但也有的人不愿意承担相应的责任，与别人的合作和交流也存在障碍，个人的价值观和原则受到挑战。这种情况下，如果小组成员有合作的精神，通过妥协与协调、彼此反复协商，小组的目标和工作方式逐步得到确认，在所有成员的共同努力下，大家找到了小组合作的共同基础，那么小组就能够获得较大的凝聚力和方向感，形成小组的精神和文化，明确小组的基本原则，建立具体的小组行为规范。反之，如果小组成员没有学会悦纳他人，各成员之间矛盾冲突不断，成员之间失去了合作的基础，小组合作失败，该小组面临解散。

小组成员在经历了"磨合期"后，开始冷静地思考，对各自的优点和不足有了充分的认识，并能够接纳不同的观点和价值观，做好了心理预期。在成员的共同努力下，重新修订小组活动规范和基本原则，形成小组规约，人员结构

---

❶ 陈向明. 小组合作学习的组织建设 [J]. 教育科学研究，2003（2）：5-8.

基本稳定、任务分工基本明确。大家把注意力重新投入到学习任务中来，小组合作学习步入正规发展阶段。

四、小组合作学习的数量规模

建立合作小组，是合作学习的前提和基础。共同完成学习任务是小组得以成立的前提条件之一。分组时，小组人数的多少决定着小组合作的有效性，有学者研究发现，小组规模与组员的参与性存在一定的关系：

① 3~6 人小组，每个成员都能积极参与进来，几乎每个人都说话；

② 7~10 人小组，几乎所有的人都说话，安静一些的人说得少一些，有一两个人可能一点也不说；

③ 11~18 人小组，5~6 人最活跃，经常说话；3~4 人偶尔会加入到讨论中来；

④ 19~30 人小组，3~4 人几乎霸占了所有的时间；

⑤ 30 人以上的小组，几乎很少有人说话。❶

因此，为了保障小组合作的有效性和参与度，一般由 5 人或 7 人组成，也有 4 人、6 人小组等。❷ 学段的差异导致小组合作人数的差异，低年级段由于学生缺少合作的经验，以 2~3 人为宜，同伴互助是常用的做法。伙伴合作可以看作小组合作一个特例，教师要对伙伴合作进行指导和激励，在中高年级，小组成员控制在 4~6 人为宜，人员过多，学生参与机会就少了；小组人数过少，也达不到合作的效果。❸ 小组架构好以后，小组成员要相对稳定，不能频繁更换人员，便于小组成员建立信任和形成合作的默契。经过一年的合作，可以根据需要重新进行分组，尽量使每个同学都能与班级内的其他同学有合作的机会。

在小组合作学习中，小组规模的大小对合作效力有着重要的影响。一方

❶ 陈向明. 小组合作学习的组织建设 [J]. 教育科学研究，2003（2）：5-8.

❷ 郭华. 小组合作学习的理论假设与实践操作模式 [J]. 中国教育学刊，1998（5）：48-50.

❸ 陈云英，华国栋. 合作学习与随班就读教学改革 [J]. 特殊儿童与师资研究，1995（1）：5.

面，一般情况下，规模较小的小组由于成员数量较少，可能受到成员共有知识范围的限制，导致小组合作的效力相对较小。这是因为在小组中，成员之间的知识交流和信息共享受到人数的制约，可能存在知识盲区，难以涵盖广泛的专业领域或深度的主题。另一方面，规模较大的小组通常包含更多的成员，每个成员可能在特长、技能、知识等方面具有更大的差异，这种多样性可以为小组提供更丰富的资源和观点，促进更广泛、深入的讨论和合作。成员之间的差异性意味着小组内部涵盖了更广泛的专业知识和技能，从而能够更全面地解决复杂的问题，开展更富有创新性的工作。然而，规模较大的小组也面临协调与沟通的挑战。管理多样性的成员需要更强大的组织和领导能力，以确保每个成员的贡献都能得到充分的发挥，避免信息孤岛和合作困难。

由此，可以看出，小组规模过小或者过大都会影响小组的实效性，规模大小受学生的学段、学习活动、研究主题及达成目标的限制。在设计小组合作学习时，教师需要根据教学目标、课程性质及学生的特点来选择合适的小组规模。在实际操作中，可以灵活调整小组规模，以平衡成员之间的协同工作和信息共享，从而最大程度地发挥小组合作的效力。

在小学高年级学段和初中数学小组合作时，对于班额较大的班级，建议采用6人制小组合作方式，小组成员在学业成绩、性格、兴趣以及特长方面互有差异，互为取长补短。小组深度讨论时，可以形成组中组的讨论方式，比如在解决某一数学任务时，思维能力较强和能力中等以及能力较弱者三人组成一个小组进行讨论。讨论时，三个层次的学生轮流提出问题，其他学生积极思考，比如思维能力较弱的学生提出问题，思维中等的学生给予讲解，思维深刻者及时补充和纠正。这样的分工合作，不同层次的学生都能积极参与，人人都有事情可做，每个人都能不同程度地进步，增强了成员的成就感和获得感。在研究讨论教师提出的难点问题时，三人组讨论后再汇合另外三人组的讨论结果，形成大组（6人小组）的结论，最终实现小组共赢。

五、小组合作学习的成员组成

混合编制小组成功运作的基本原则是每个成员所擅长的智能都是各不相同的，既有学习能力较强者，也有表达能力较强者，还有观察能力、组织管理能力较强者。也就是说，在混合编制的小组内，如果所有的成员具有同质性，比如能力都很强的学习小组，其效果并不一定是最优的。要使小组合作达到预定的效果，小组内成员的搭配就要多样化，即在组内配备不同类型的角色，使参与者各自发挥自己的特长，取长补短，或扬长避短。有研究表明，在组员能力和背景差别比较大的小组内，组员的思考更加深入，组内有更丰富的信息输入和输出，能够激发出更多、更深刻的见解和感受。合作学习的成功关键是小组成员具有互补的学习经验和高效的合作方法。这种学习珍视参与者的不同生活经验和工作背景，鼓励大家从不同角度看待问题。❶

混合编制小组需要考虑组员的性别搭配、背景、能力、性格特点、学业成绩。在数学小组教学中，主要考虑组员的数学成绩、思维进阶能力、组织管理能力、语言表达能力、人际交往能力和个性的融合搭配等因素。

（一）以成绩作为影响因素分组

通常情况下，成绩是小组合作学习重要的影响因素，也是小组分组的重要变量之一。数学是一门思辨性很强的学科，学生在课堂教学中是以完成一定的学习任务为主要目标，那么认知、理解和应用是学习数学的重要目标。学生在达成这些目标时，有优有劣，导致学习成绩有优秀、良好和低差之分。按数学学习成绩进行异质合作，学习优秀的学生能够及时帮助成绩稍低同学理解学习内容，能够及时、最大限度地减少学习困难学生的学习障碍，起到事半功倍的学习效果。

---

❶ 陈向明. 小组合作学习的组织建设 [J]. 教育科学研究，2003（2）：5-8.

优秀学生在辅导学困生的过程中，在内容系统梳理、思维逻辑严密、语言表达顺畅和深度理解以及情感共鸣等方面都受益匪浅。第一是在辅导学困生之前，优秀的学生需要把要讲解的知识梳理一遍。比如，在学习勾股定理时，优秀学生需要把与勾股定理相关知识进行系统化，如直角三角形的三边关系、勾股定理的表达式、勾股定理的多种证明方法、勾股定理的历史演变等。第二是情感共鸣。优秀学生在辅导学困生时，沟通与交流是必不可少的环节，了解学困生学习的难点在哪里，是与勾股定理相关的认知前提不具备还是概念不理解或是没有掌握证明方法等，了解情况后，才能对症下药。在这个过程中，优秀学生与学困生产生了情感共鸣，他既需要理解学困生的难处，同时也要与他建立信任、友好的合作关系，帮助他渡过学习难关。第三是促进优秀学生的深度理解。将知识点用学困生容易理解的方式讲述出来，这可能需要对同一知识点从不同角度切入主题，采用不同的方法讲解，在多次反复的过程中，对所学习的内容达到深度理解。第四是提升优秀学生的语言表达能力。在帮助学困生理解学习难点时，优秀学生需要在脑海中建构好逻辑体系，思维清晰，用学困生能够理解的语言表达深奥的数学原理，在这个过程中，锻炼了学生的语言组织能力、应变能力和表达能力。

在根据学生的成绩进行分组时，设计每个小组4人，组员按高、中、低成绩分布比例是1：2：1。比如，在40人的班级里，按成绩高低进行排序，前10名为成绩高者，后10名为成绩低者，中间20名为成绩中等者。分组时，教师从前10名同学中抽取1名，从后10名同学中抽取1名，从中等成绩者中抽取2名，组成一个小组。如果是3人一组，组员按高、中、低成绩分布的比例是1：1：1，从排序中各抽取1名同学，组成三人小组。

不同的分组方法对于小组合作的效果有着显著的影响。合理的分组策略可以最大程度地激发团队成员的积极性和创造力，从而提高整体的合作效益。异质小组合作的做法通常有两种。一种分组方法是把全班按照成绩从高到低排队，然后让正数第一名和倒数第一名组成一组，正数第二名和倒数第二名组成一组……以此类推。这种分组具有以下特征：一是成绩最弱的学生可以得到成绩最好学生的辅导，充分发挥成绩好的学生的优势。二是各组的综合实力基本相当，所以各组的合作成果具有可比性，可以开展公平的竞赛。但是这样的分组方式并不能充分发挥合作学习的最大优势，小组合作的最大优势是同一组中，两个成绩接近的同学进行积极的讨论，互相启发才能保证小组合作学习的意义所在。因此，另一种分组方法是把成绩在前一半和后一半的学生分别按照成绩从高到低排队，把两队的第一名分在同一组，第二名分在同一组……以此类推。这种方法的特点是每组两个成员的成绩相当，成绩较差的组员总能得到成绩较好者的辅导；但一些组的综合实力明显比另一些组弱，不适合进行组间比较。这两种分组方法在实际运用中各有千秋，需要教师根据实际情况来进行调整。

但是，小组分组时，数学学习成绩仅是参考的一个重要因素，除成绩外，小组合作还需要考虑能力差异、性别差异、学习风格差异和性格差异等。

（二）能力差异是分组的重要影响因素

合作学习是一种强调学生能力多元化发展的学习方式。当进行能力混合分组的小组合作时，学生的不同能力水平会在小组任务的完成过程中发挥不同的推动作用。这意味着每个小组成员的个体差异可以成为整个小组学习的推动力。同时，这种分组方式也有助于每位学生在小组中强调的各项能力上获得提高。❶

在能力混合分组的环境下，所有学生都有机会在小组中强调的不同能力方面取得进步。这可以理解为，小组合作不仅仅是为了完成任务，更是为了提高每位学生的多方面能力。通过合作，学生们可以互相学习，共同发展各种能

---

❶ 伍新春，管琳. 合作学习与课堂教学 [M]. 北京：人民教育出版社，2010：244.

力，形成良好的学习氛围。

为了确保小组内各种能力得到合理搭配，教师在进行分组前应通过观察和访谈等方式对学生的能力进行了解。这种了解有助于教师更好地把握学生的个体特点，确保小组内的成员在任务中能够互补优势，形成协同效应。在具体分组时，教师需要根据学习任务所设计的能力要求，采取混合分组的策略，将不同能力水平的学生巧妙地组成小组。一般情况下，小组内成员可以分为思想派、行动派和人文派。具体情况如下。

（1）以思想为导向的团队成员都是批判性的思考者，拥有专业知识或技能。他们可能会提出新想法或新观点，通过权衡利弊来分析想法，思想导向的角色包括以下几类。

①监测／评估员，是小组内的领导者，能够根据事实和理性思考作出决策，而不是依靠情绪和直觉；具有战略眼光，分析能力强，能够对大量信息进行分析，很少出错。这些人倾向于独来独往，他们不愿意参与同事的生活，这有助于他们的客观性。❶

②专家，是小组稀有知识和技能的来源，孤独的思考者；能够自我启动，工作负责任，不时做出令人瞩目的创新。专家是无价之宝，因为他们提供的专业技术知识是其他人无法提供的。

③活跃分子，是小组里最关键的火花，主要的思想来源；富有创造性，不循规蹈矩，有想象力，活跃分子是能带来成长和进步的团队成员。

（2）注重行动的团队成员会努力完成任务。他们可以在最后期限前完成任务，并将挑战视为激动人心的机会，以行动为导向的角色包括以下几类。

①引导者，通常是自我任命的领导；充满活力，积极上进，性格直率，善于争辩；能够应对压力，遇到障碍时能找到出路。

---

❶ 陈向明 . 小组合作学习的组织建设 [J]. 教育科学研究，2003（2）：5-8.

②实施者，是小组中勤奋的劳作者；善于将想法付诸实施，逻辑地、忠实地执行任务；有纪律观念，忠实可靠，思想保守。实施者通常是组织的骨干，因为他们实施可行的策略，以确保团队快速有效地完成任务。

③完成者，是完美主义者，性格内向，能够注意到细微的细节，这使他们能够仔细检查完成的任务或产品是否存在错误。在工作环境中，完成者尤其重要，因为精确性和遵守截止日期至关重要。

（3）以人为本的团队成员会利用人际网络和建立关系的技能来完成任务。他们可能是优秀的积极倾听者，并为其他团队成员提供支持，以建立团队凝聚力。以人为本的团队角色包括以下几类。

①协调员，是小组内自然的领导者，具有出色的人际关系和沟通技巧。协调员更倾向于采用更民主的方法管理团队，擅长识别团队中的人才，并利用这些人才实现团队目标。协调员通常是冷静、信任的人，他们擅长委派工作。

②合作者，是小组的咨询师，调停者；善于社交，知觉敏锐，容易合作；能够意识到尚未爆发的问题和其他人的困难；善于促进小组的和谐，在小组遇到危机时特别宝贵。这些人适应性强，多才多艺，这使他们能够有效地与不同的人互动，应对突然的变化。

③资源开发者，是小组的修补工；性格外向，善于建立和利用人际关系；积极热情，喜欢探索新的机会和调查新的发展。资源开发者擅长建立新的业务联系并进行后续谈判。❶

在创建小组时，要想使小组合作的成效最优化，男女搭配比例要适当。同时也需要考虑学生的学习风格。有的学生偏向于视觉学习，有的学生偏向于听觉学习，还有的学生偏向于动觉学习，教师要充分考虑这些因素，在同一小组尽可能兼顾上述各种差异的存在，方能保障小组合作效益的最大化。

---

❶ The 9 Belbin Team Roles（With Examples）[EB/OL].（2022-04-19）[2021-03-04]. https://www.indeed.com/career-advice/career-development/belbin-team-roles.

六、小组合作学习的运行机制

学习小组创建后，为促进高质量、高效能的学习共同体的快速发展，需要建立以人为本的开放、民主、和谐、平等、自由、真实的学习场，必须配套科学、有效的小组运行机制。

首先，构建小组学习文化。各小组民主产生组长，新产生的组长带领各成员制定小组文化的显性识别系统，主要包括小组共同愿景、组名、口号、组徽与组歌以及小组的合作规则，并将其固定下来，置于小组最明显的位置上。在制定这些小组标识的过程中，小组的每一个成员都要参与进来，对小组文化的建立有强烈的责任心和足够的热情，并认同最终确定下来的组名、口号以及运行规则等。

其次，做好小组任务分工。如果要使小组合作能够有序、高效、团结地开展，首要的任务是建立和谐、民主的合作氛围，其次是能够调动不同能力、特长的成员，担负起各自的责任，相互配合，为组织也为每个成员赢得成功。小组的这两个职能是通过精细的组织分工实现的。❶小组合作就像一个工厂，材料员、技术员、调度员等负责生产任务的完成，厂长、管理员、财务员、推销员等负责工厂的日常运转，每个角色都很重要。他们相互配合，才能使工作蒸蒸日上。同样，小组要想顺利完成学习任务和小组工作，同样需要给组员分配相应的角色。

小组长主要负责小组任务的组织和管理，调动大家的学习积极性，促进小组内成员的团结与合作，在小组合作中，起到沟通教师与学生之间的桥梁作用。小组还配备有学科长，学科长主要负责各个学科的学习任务，解决小组成员对某一学科学不会的问题。小组内还有记录员，根据教师学习任务负责记录小组讨论的结果。报告员主要向教师和全班同学汇报小组讨论、探究的结果。另外，教师需要根据学习任务，为每个成员安排不同的任务。

---

❶　伍新春，管琳.合作学习与课堂教学 [M].北京：人民教育出版社，2010：254.

最后，建立小组规章制度。小组建好后，建立小组长、学科长定期培训制度，重在培养小组长掌握小组管理技能、方法与策略，积累管理经验，调动大家学习的积极性，为学习活动的正常、持续开展提供动力，形成班级管理合力；培养学科长为同学答疑解惑的方法技巧，讨论解决上周学习过程中出现的突出问题，汇报各组学困生的心理状况、学困生的转化效果以及有效的转化措施，形成学科学习合力。创建学习评价机制和小组成绩积分管理机制，重点在于小组的整体评价。❶

第二节　同质合作小组的组织与建设

教学中如果一味地采用异质合作方式学习，对于学习优秀学生思维的进阶、学习技能的提升都有所限制。为了提高学优生学习技能，产生高阶思维，需要在异质合作的基础上对学生进行隐性动态分层。哪些学生处于哪个层次水平，教师要做到心中有数，以便对他们提出适当的要求，因材施教，但这个"层次"对外是不公开的，更不会依此给学生排队。学生的差异既包括现有水平的差异，也包括潜在水平的差异，因此要动态、发展地看待学生水平的差异，灵活加以安置。❷

一、隐性动态小组的形成

班级内，异质小组合作是常态，异质小组合作对于学困生的发展非常有利，也有利于优秀学生的情感的发展、人际关系的融合以及廓清数学内容。但是由于学习的内容对优秀学生不具有挑战性，对他们拓展深化数学内容，接受

---

❶ 吴长顺，周晓阳. 合作学习小组的创建与管理 [J]. 人民教育，2014（4）：15-17.

❷ 华国栋. 差异教学策略 [M]. 北京：教育科学出版社，2006：162.

更具有挑战性学习任务是不利的。为此，需要采取同质分层来弥补优秀学生在异质小组合作中不能提高数学思维的缺陷。国外研究者将这样的小组合作形式称为"拽出"策略，这种称谓形象地说明了同质分层策略的做法，就是通过自愿选择主题的方式，将一部分学有余力的学生从异质小组合作中"抽离"出来。值得注意的是，"抽离"是学生自愿从原有的小组中走出来，与班级内选择同样主题的学生再次组成小组。

教师在安排小组合作时，需要在主题上具有选择性，除了必选的研讨主题，还要具有挑战性较高的研究主题（个数可以控制在3~5个）。研讨时，规定必选主题是全班同学必须要交流思考的，而对挑战性较高的主题可以允许学生自主选择。异质合作时，大部分学生在规定的时间内只能完成必选内容，优秀的学生会很快完成必选内容，此时教师应鼓励他们选择挑战性较高的主题，并在教师规定的全班交流时间内，与选择同样挑战性主题的学生聚在一起，针对同一主题进行讨论。

比如，教师针对某一内容设计共性探究主题1，又设计挑战性主题3和挑战性主题4，研究探讨时间为15分钟，那么在这15分钟内，大部分学生都在研究主题1。优秀学生在完成主题1后，又选择了主题3或者主题4，完成后，选择主题3的学生聚在一起进行深入研究，选择主题4的学生聚在一起进行探讨。

在这个教室中，假设有16名学生，每4名学生分成一个小组，4个小组均讨论主题1，教师要求在15分钟讨论完毕。在这15分钟内，数学优秀的学生很快完成了教师布置的任务，学生S4、S7、S9、S13又选择了主题3，各自独立思考后，这4名学生选择在教室里的一个空间进行深入的探讨。与此同时，还有3名学生S5、S12、S16选择了主题4，于是这三名学生在独立思考后，选择了教室的其他空间进行探究。同质分层与异质合作示意图如图8-2所示。

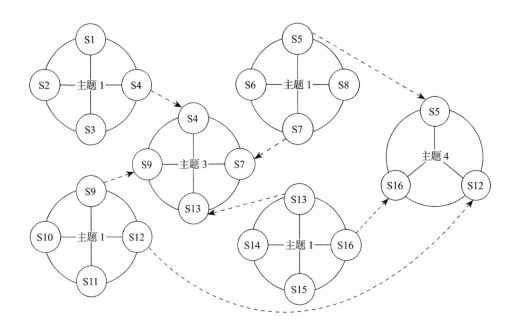

图 8-2　同质分层与异质合作示意

案例：成都青羊区何磊老师执教的《反比例函数比例系数 k 的几何意义》

为了激发不同学习水平学生的积极性，何老师为学生设计了梯度不一的问题进行探究。

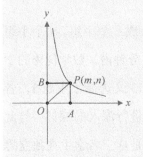

图 8-3　反比例函数示意图

共性探究问题 1：如图 8-3 所示，设 $P(m, n)$ 是反比例函数 $y = \dfrac{k}{x} (k \neq 0)$ 上的一点，过 P 点作 $PA \perp x$ 轴于点 A，连接 OP，请探究：

（1）$S_{\triangle POA}$ 的面积与比例系数 k 的关系？

（2）$S_{\triangle POA}$ 的面积会随着 P 点位置的变化而变化吗？

共性探究问题 2：已知，点 M 是反比例函数

$y = \dfrac{k}{x}(x > 0)$ 的图像上任意一点，$MN \perp y$ 轴于点 N，点 P 是 x 轴上的一个动点，则 $\triangle MNP$ 的面积是_____。

挑战性问题 1： 若直线 $y = kx\,(k > 0)$ 与函数 $y = \dfrac{1}{x}$ 的图像交于 A、C 两点，$AB \perp x$ 轴于点 B，则 $\triangle ABC$ 的面积为：（　　　）。

挑战性问题 2： 如图 8-3 所示，A、B 是函数 $y = \dfrac{1}{x}$ 图像上关于原点 O 对称的任意两点，AC 平行于 y 轴，BC 平行于 x 轴，$\triangle ABC$ 的面积为 S，则_____

A. $S = 1$　　　B. $1 < S < 2$　　　C. $S = 2$　　　D. $S > 2$

挑战性问题 3： 双曲线 y_1 与 y_2 在第一象限的图像如图所示，已知 $y_1 = \dfrac{1}{x}$，过 y_1 上的任意一点 A 作 x 轴的平行线交于 y_2 于点 B，交 y 轴于点 C，若 $S_{\triangle AOB} = 1$，则 y_2 的解析式是_____。

挑战性问题 4： 如图点 A、B 在反比例函数 $y = \dfrac{k}{x}(k > 0, x > 0)$ 的图像上过点 A、B 作 x 轴的垂线，垂足分别为 M、N，延长线段 AB 交 x 轴于点 C，若 $OM = MN = NC$，$\triangle AOC$ 的面积为 6，则 k 的值为_____。

这几个问题都是为了深化学生对"反比例函数比例系数 k 的几何意义"的理解所提出的。前两个问题适用于所有学生，但是后面 4 个问题则适用于能力比较强的学生。在"拽出"环节，学生 A、B、C、D、E（这 5 个学生不一定在一个组）选择了挑战性问题 1，那么这 5 个学生可以选择教室中的某一个角落一起探究挑战性问题 1，学生 F、G、H、M 等选择了挑战性问题 2，那么这几个学生可以在教室的另一个角落一起探究挑战性问题 2，以此类推，问题 3 和问题 4 也是这样的"拽出"原则。与此同时，大多数的同学还在探究共性问题 1 和问题 2。

总而言之，同质分层学习不是由教师指定和命令的，而是学生根据自身的学习能力，在同一时空、同一时间选择适合自身能力的探究问题，与自己学习能力水平相当的学生进行深入的交流和合作，在激烈的讨论中提升自己的思维水平。

二、建立动态流动机制

在隐性分层的实际操作中，为了保证学习总在学生的最近发展区，只要学生有了进步和兴趣，就允许他们从一个小组转到另一个小组或者引导学生探究另一个挑战性学习任务，从而再与其他同水平的同学组成小组。要帮助学生不断认识自我，开发自我，鼓励学生不断跃升。另外教师要给学生提供弹性可选择的学习内容，学生参加哪类组的学习，应在教师指导下，让学生自己选择，而不是都由教师指定，以减少被动分层的标签效应。

第三节　同质分层与异质合作相结合

在安排异质合作学习时，需要考虑学生的自主学习与不同层次学生之间的合作学习恰当结合的问题。在教学中应交替合理地运用"同质分层""异质合作"，防止单纯同质组学习带来的标签效应或单纯异质合作学习对高水平学生缺少挑战的问题。❶

安排的合作学习内容应是开放的，可包含多种水平的问题，或是需要共同探究规律的内容，或是有利于培养批判思维的问题等，合作中会有许多不同的观点、不同的经验，这对每一个学生都是有益的。而那些巩固性、基础性的内容就不宜过多让高水平学生和其他同学合作。就像美国的苏维雅·瑞姆博士在《班有天才》一书中所说："在做重复练习任务时，最好将天才学生单独放在一

---

❶　华国栋. 差异教学策略 [M]. 北京：教育科学出版社，2006：162.

起做更难工作，其他学生可以分成各个异质小组，每个小组中安排一位能力强的学生，但不必是天才学生。"她还打比方说，"就像高山滑雪，看技艺高超的人从陡峭斜坡下滑，不如让你看新手摔倒而毫发未伤，后者更能增强你滑雪的信心。"

高水平学生在一起相互学习，竞争合作会产生群体教育效应。如果我们在教学中能根据教学的内容和要求及学生的不同情况恰当选择采用同质分层或异质合作的小组形式，并交替运用，便能发挥两种小组形式各自的优点，最大限度减少标签效应，同时充分利用学生的差异资源。❶

---

❶ 华国栋.差异教学策略 [M].北京：教育科学出版社，2006：171.

第九章　不同课程类型的差异教学策略

　　课堂教学是依据学情与课标把课程体系教育学化，形成可供各个年龄阶段学生学习的"学程结构"。具体到一节课，根据学程结构划分的维度，可以划分成不同课型。比如按照学习的程度可以划分为新授课、练习课、复习课、单元整合课等；按照学习的层次划分，可以分为概念学习课、规则学习课和策略学习课；按照学习的领域则可以分为数与代数、图形与几何以及统计与概率等。涉及课型研究，必然涉及教学模式，不同课型所用的教学模式不同，但是无论哪种课型，都要关注差异、尊重差异，差异是教学的关键、教学的基础，是课堂教学的原动力，这一点永远不会改变。

第一节　单元起始课的差异教学策略

　　单元起始课，顾名思义就是每一单元起头的第一节课，现行初中版数学教材，每个单元都专门增设一页图文并茂的内容，主要包含引言、情境图、单元目标等。引言概述了本单元要学习的重要内容和学习思路，是对整个单元的高度概括，情境图一般描述的是本单元学习内容的实际应用，单元目标陈述了学习的达成目标。其目的在于用数学的眼光解释与该学习内容有关的人文背景、数学应用以及学习目标，旨在传递数学的价值，渗透数学思想方法，激发学习兴趣等。在课程设计中，增设单元起始课是非常有益的。这样的课程安排有助于帮助学生全面理解本单元的学习内容，掌握本单元的知识结构，为接下来的深入学习提供一个清晰的引导和准备。

设计良好的起始课不但能培养学生整体感知的能力、激发学生兴趣，还有助于提高学生的数学思维能力。大部分单元起始课都是从学生已有知识出发，引导学生学习新知识，因此更能够体现照顾学生差异、提高数学素养。章建跃从 5 个方面充分肯定了单元起始课的重要作用，他认为单元起始课在教学中处于"先行组织者"地位，它至少有如下作用：①提供本章的学习框架和基本线索，提高课堂教学的思想性；②通过提供与本章内容密切相关的、包容范围广但容易理解和记忆的引导性材料，帮助学生建立有意义学习的指向；③增强学生学习的自觉性、主动性，避免学习的盲目性，使学生对学习进程心中有数；④激活学生认知结构中的相关知识，增强本章要学的新知识与已有相关知识间的联系性，在"已经掌握的知识"与"需要掌握的知识"间架起一座沟通的桥梁；⑤增强新知识与认知结构中那些类似知识间的可辨别性，防止知识之间的相互干扰。❶

一、单元起始课的差异教学模式

单元起始课定位于整体，价值在统领，此即"整体统摄，先行组织"。重在整体策划清脉络，整体建构搭框架、整体勾勒绘蓝图，不在局部点上深入，不是盲人摸象，不是深一脚浅一脚地摸索，而是胸中有丘壑，眼中有格局。❷单元起始课被很多学者定义为先行组织者，其对优化学生认知起点，缩

❶ 章建跃.注重数学的整体性，提高系统思维水平（续）[J].中学数学教学参考（中旬），2015（3）：4-5.

❷ 邢成云，王尚志.初中数学"章起始课"的探索与思考[J].课程·教材·教法，2021（3）：76-82.

小认知差距起到关键性作用，是教师做好认知铺垫的重要媒介。所以，教师在运用这些先行组织者时要因材施教，不仅要结合学生实际的认知水平和能力框架，还要根据所要学习的内容特点来设计组织者，以获得真正的学习效果。

在单元起始课中，培养学生自主学习能力、提高整体感知和高级数学思维能力是主要目标，因此，教师通过对核心内容的分析，获得知识、过程、方法、价值的深度感悟，完善和发展自身的认知结构，对教学内容有系统的、整体的理解。在将教学结构化的过程中，创设有意义的教育情境，形成关键性问题。在课堂教学中，科学设置学习目标，设计能引起学生深度思考的教学活动，引导学生按照问题进行自我学习。师生在共同分析和学习本单元的学习内容，经历一场有意义的学习旅程，最终形成单元的整体框架，提炼出贯穿本单元的大概念和主要的思想方法。于学生而言，在教师提供的预学单的辅助下，学生先要自主独立地学习、在课上与教师和同伴合作学习以及在师生和生生互动中，解构和理解主要的大概念和主要思想方法，最终获得对所学内容的理解和运用。数学单元起始课的差异教学模式见图9-1。

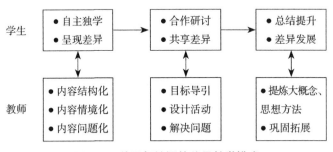

图9-1　单元起始课的差异教学模式

二、结构化单元内容，为学习提供脚手架

布鲁纳在"结构主义"教学理论中强调："不论我们教什么学科，务必使

学生理解该学科的基本结构。"❶ 布尔巴基学派曾指出："数学并非研究数量，而是研究结构的科学。"❷ 正如上一节所言，数学内容结构化就像庖丁解牛原理一样，单元起始课在数学教学中扮演着提纲挈领的重要作用，能帮助学生迅速把握本单元的数学内容，形成整体的认识框架，为学生建立一个学习的导向。此外，单元起始课还可以帮助教师检测学生对前置知识的掌握情况，为有针对性地进行教学调整提供信息。通过引导性的问题和讨论，教师可以了解学生的先前经验，进而更好地调整教学策略，确保所有学生都能够站在同一起跑线上。

教学内容的结构可以比喻为蜘蛛张网。首先，需要建立一个坚固的大框架，就像蜘蛛丝一样联结在一起。这个大框架是课程的核心，包含了整个教学的主线和基本结构。其次，通过核心概念和知识点，就像蜘蛛在丝网上织出更多的交叉点一样，对大框架进行增补。这些核心概念和知识点是教学内容的重要组成部分，它们负责丰富大框架，使整个结构更加复杂和有层次感。最后，随着每个核心概念和知识点的连接，就像蜘蛛网的丝线交错形成一个完整的图谱。这个图谱展现了教学内容的全貌，呈现出一个丰富多彩、有机衔接的知识网络。这个知识网络牢固而有序，使学生能够更好地理解和掌握教学内容。这有利于改变教学内容"碎片化"现象，重视数学知识内在的关联性以及知识形成、发展过程中的逻辑关系，清楚该知识点在整个单元或教材体系中的地位和作用，帮助学生内化所学知识，从认知心理学的角度看，有利于学生认识到新知识产生有其合理性和必然性，在心理上接纳并接受。这种清晰的学科导引和认知结构，使学生对学习任务有了更明确的目标，从而会产生更强的学习动机和事半功倍的学习成效。

---

❶ 布鲁纳.教育过程 [M]// 单中惠，杨汉麟.西方教育学名著提要.南昌：江西人民出版社，2000：563.

❷ 周小兰.优化结构化教学，突破学生思维局限性——谈结构化教学在初中数学中的应用 [J].数理化解题研究，2017（2）：55.

比如，在学习《不等式与不等式组》这一单元时，人民教育出版社教材的章引言如下：

> 数量有大小之分，它们之间有相等关系，也有不等关系。现实世界和日常生活中存在大量涉及不等关系的问题。例如，当两家商场推出不同的优惠方案时，到哪家商场购物花费少？这个问题就蕴含了不等关系。对于这样的问题，我们常常把要比较的对象数量化，分析其中的不等关系，并列出相应的数学式子 – 不等式（组），并通过解不等式（组）而得出结论。这样的思路与利用方程（组）研究相等关系是类似的。
>
> 本章我们将从什么是不等式说起，类比等式和方程，讨论不等式的性质，学习一元一次不等式（组）及其解法，并利用这些知识解决一些问题，感受不等式在研究不等关系问题中的重要作用。❶

该教材首先用一句话引出相等与不等关系是数量存在的常态，现实世界中存在着大量的不等关系。接着举例两家商场同时推出优惠活动，顾客总要进行一番比较，即是现实生活中应用不等式的一个实例。也列出了本单元要研究的主要内容以及运用模型思想、类比方法学习不等式和不等式组。

通过章引言可以看出相等与不等关系既相互对立又辩证统一，这种辩证思想为今后学习变量与函数的学习埋下伏笔。通过解决实际问题，建立不等式（组）数学模型，最后通过解不等式（组）得出结论。不等式（组）是新学习的知识，但是其解决思路类似于解方程（组），所以类比方法是学习不等式（组）的基本思想方法。从章引言中看出"不等式与不等式组"一章的主要内容包括：不等式、不等式的解、不等式的解集等概念，以及不等式的性质，一元一次不等式（组）的解法及其解集的几何表示，利用一元一次不等式分析与解决实际问题。

本章的学习涵盖了一元一次不等式学习的多个方面，旨在培养学生数学模

---

❶ 人民教育出版社课程教材研究所.七年级下册数学 [M].北京：人民教育出版社，2012：114.

型的建立和解决实际问题的能力，强调不等式的特点、作用以及解决问题的一般方法。通过单元起始课，学生可以了解到本单元学习的主要的数学思想方法和数学内涵。

（1）建立数学模型和解决实际问题的过程：学生在本章的学习中将通过建立一元一次不等式的数学模型，体验将实际问题抽象为数学形式的过程。这涉及从具体问题中提取关键信息，将问题转化为数学表达式，建立相应的不等式模型，最终求解并解释结果。

（2）体会不等式的特点和作用：学生在学习中将深入体会不等式相对于方程的特殊性质，如不等式的解集为一条数轴上的区间，而不是点集。此外，强调不等式在描述问题时的灵活性和适用性，以及在实际生活中的广泛应用，使学生认识到不等式是解决实际问题的强大工具。

（3）重视数学与实际生活的关系：教学中强调一元一次不等式及其相关概念是数学学科的基础知识。这包括了掌握不等式的性质、解法以及解集的几何表示，这些都是基本的数学技能和能力。

（4）以不等式为工具分析和解决问题：学生通过学习一元一次不等式，能够提高对数学问题的分析和解决能力。这既是学习的重点，也是教学中的难点。学生需要理解如何有效地运用不等式解决各种实际问题，这对于培养学生的创新精神和实际应用数学的能力至关重要。

不等式是数学代数模块重要的基础概念之一，与中学的方程和函数，甚至平面几何与概率统计都有联系，是基本的工具。同时，不等式估计方法在现代数学中是最重要的分析方法之一。另外，有序理论是数学中重要问题之一，不等关系实际上是有序理论的一个直观例子，在中学数学中，不等关系、整除关系、集合子集关系等都是有序理论中偏序集的重要例子；学好了不等式，有助于掌握其余概念，掌握了不等式，也有助于建立有序理论的直观实例，更好地探索发现一些深刻的数学问题。

在学习方程时，通常是创设一个有意义的教学情境，提出要解决的实际问题，将这个问题转化为方程（组），再分析方程（组）的性质，最后利用消元法求解这个方程（组）。进阶到高等数学后，这种等量关系发展成为函数方程或者代数方程，求解函数图像的交点，通过类比，不等式（组）在整个数学体系中的基本框架如图9-2所示。

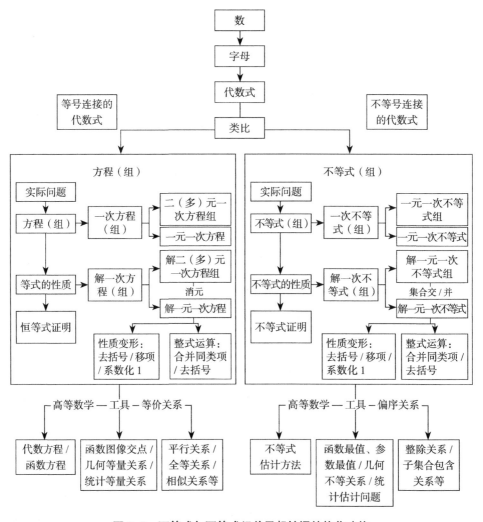

图9-2　不等式与不等式组单元起始课结构化建构

初中数学章节起始课的结构化建构是从整体和宏观的角度认识和调控教学，按照"整体—部分—整体"的模式实施章节起始课教学，让章节起始课与章小结形成首尾呼应之势。帮助教师既见"树木"，又见"森林"，形成教师的整体教学观。

教学内容结构化后，教师为学生创设问题情境，师生共同发现问题，为学生学习提供脚手架。发现问题三步曲如图9-3所示。

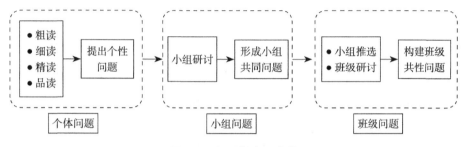

图9-3 问题提出三步曲

第一步：自主提出个性问题。通过粗读、细读、精读和品读章前言的每一句话，引导学生解读引言内容，初读感知学习思路，参悟数学问题的研究方法，感受学习数学的现实意义，进行有价值的提问。

第二步：小组形成共同问题。学生自主学习后，小组长安排小组成员汇总本组内每个组员的个体问题，并通过小组合作探讨，形成本组共性、关键性和重点问题。问题个数可以根据学习内容进行设定。

第三步：构建班级共性问题。本环节是在任课教师的引导下，各小组推出小组的重点研究问题，通过师生的共同探讨，再参考教材内容和学生的认知准备情况，构建章节起始课的共性问题。以"章头问题"统领或以"本章内容概述"落实全局概览。

通过以上三步，形成班级共性问题，接着借助于章头图的说明和解释以及章后各节内容解决问题，帮助学生构建知识体系，厘清知识发展脉络。

三、制定挑战目标，设计体验活动

本环节的设计要依据单元学习主题、设计学习目标、单元学习内容，以及学生已有的知识和经验而进行，设计基于解决关键问题的体验性学习活动，引导并帮助学生体验、经历、发现知识的形成过程，促使学生在活动中展现出他们对事物的新认识，呈现他们的思维特点。

章节起始课学习活动根据学习进程不同，呈现不同的活动特点：开头起始阶段的学习活动，注重激发学生的学习兴趣，统领整个章节的教学；中间深入探究阶段的深度学习活动，主要为达成学习目标，聚焦关键问题的解决，发展学生的思维；最后展示交流阶段的学习活动，注重运用多种评价方式，使得学生获得学习的成功体验，评价学习目标的达成情况。

（一）差异化共性课程目标，设计适度挑战的学习目标

适度的挑战往往营造最优的学习效果。这一观点已经得到了脑科学研究的充分证实。当我们为学生提供适度的挑战时，他们的学习效果往往会达到最佳。这是因为，挑战能够激发学生的潜能，促使他们更加专注和投入学习。但是，过分艰深的课题可能会使他们感到威胁，从而触发自我保护机制。在这种情况下，学生可能会选择避免思考，以免陷入困境。具有挑战性的课题，可以让学生踏上未知世界的征途，能够使其孜孜以求，并且通过获得帮助，最终达成新的理解。[1] 质言之，过于复杂或者过于简单的课题都可能导致学生失去学习的积极性。因此，学生需要意识到，要想取得长期的学习成果，就必须持续不断地付出努力。这表明学习是一个需要坚持不懈努力的过程，只有通过持续的学习，学生才能取得良好的学术成果。另外，教师需要认识到适度的挑战是

---

[1] 钟启泉 . 颠覆 "常识" 的新常识——学习科学为课堂转型提供实证依据与理论基石 [J]. 教育发展研究，2018（24）：1-8.

动态变化的，并非一成不变。随着学生的进步，挑战的难度应该逐渐提高，以保持学生的学习动力和兴趣。这也意味着教师需要不断调整课程设置，确保学生始终面对具有适当难度的任务，促使他们在学习中保持积极性。这种调整也为教师提供了深刻的启示，帮助他们更好地理解学生的学习过程，并优化教学策略。对某个学生来说提供适度的挑战，而对别的学生可能就不是挑战，因此，把每一个学生的学习课题调整到最优的学习领域，不断提升课题的复杂性与挑战难度，就能够使学生意气风发地持续开展学习。❶

维果茨基认为，教学应走到发展前面，教学目标应处于学生的最近发展区内，并促进潜在发展水平向现实发展水平过渡。章引言中有共性的学习内容，教学中，教师要结合教学内容制定目标，可以先考虑全班共性的教学目标，再根据学生的差异，进行"删、补、改"等方面的调整。

对于基本的重要的学习目标，即使学困生有困难，也不能随便降低，而是提供更多的支持和帮助。对学困生的目标，不能仅仅停留在知道、了解、识记的层面，还需要有引发思维深度的思考和训练。❷

学习目标的调整是为了更好地体现目标的挑战性，课前设计的学习目标，在课上往往发现不一定符合学生的实际情况，特别是不符合部分学生或个别学生的情况，因此有时需要对预定目标作出调整，但是忌简单处理，只做数目增减，不做程度修补。

（二）将教学目标转化为一个问题情境，激发学生学习的兴趣

将教师用陈述句表述的单元学习目标转化为易于学生理解的疑问句表达，激发学生学习的兴趣，唤起学生主动参与思考、分析、探究、交流的学习热情，导向深度学习。

---

❶　钟启泉.课堂研究 [M].上海：华东师范大学出版社，2016：17.

❷　燕学敏.差异教学课堂观察指标体系的建构 [J].教育科学研究，2022（9）：59-65.

（三）根据挑战性学习目标，结合单元学习内容与具体的学情，与生活建立联系，创设具体的学习任务情境

从单元学习目标出发，结合单元学习内容，分析学生的学习基础与学习兴趣，建立学习内容与社会生活之间的联系，创设承载学习任务的活动情境。

（四）依据关键问题解决的步骤，设计活动的基本程序与活动的主要环节

基于关键问题解决而设计体现起始课学习特征的学习活动，需要设计者围绕学习目标，分析活动情境的程序，设计主要互动环节。主要环节的设计不仅需包含学习中的关键问题，还要符合活动展开的内在逻辑、学科教学的内在逻辑及学生认知发展的规律。

提出的问题要直指事物的本质或者核心，依据以下标准确定。

（1）老生常谈的问题。问题范围很广，并具有永恒性，这些问题永远具有争议，比如什么是方程？方程与函数是什么关系？

（2）指向学科的核心思想。指向某一学科的核心大概念或指向前沿技术的知识问题，它们具有重要的历史意义，而且在自身领域频繁出现。

（3）核心内容的必备知识。能够帮助学生有效探究、厘清重要而复杂的观点、知识和技能，只是学生还没有掌握或领会其价值。这样的问题就是基本问题。

（4）吸引学习者学习探究。最大限度地吸引特定的、各种各样的学习者。

基本问题具有以下特征：[1]

（1）真正引起对大概念和核心内容的相关探究。

（2）激发对更多问题的深度思考、热烈讨论、持续探究和新的理解。

（3）要求学生考虑其他不同观点，权衡证据。

---

[1] 格兰特·威金斯，杰伊·麦克泰格.追求理解的教学设计[M].上海：华东师范大学出版社，2017：98.

（4）激励学生对大概念、假设和过往的经验教训进行必要的、持续的反思。

（5）激发与先前所学知识和个人经历的有意义联系。

（6）自然重现，并迁移到其他情境或学科创造机会。

（五）多个角度审议，从而修正学习活动的设计

教师需要将这些学习活动与挑战学习目标进行对照，检查这些活动是否符合单元学习目标，并参考"单元学习活动设计提示"，根据活动内涵要点，对学习活动进行检验，审议修正活动设计。

检验学习活动的有效性，需要参考以下几个方面。

（1）转化学习目标为具有挑战性的问题：学习活动是否能够将单元学习目标转化为引人深思、具有挑战性的问题或任务？问题是否能够激发学生的好奇心和求知欲？问题是否能够引导学生深入思考，促进探究和发现？

（2）直接关注目标中的关键概念和学科本质：学习活动是否直接关注目标中的关键概念和学科核心本质？是否有足够的深度和广度来涵盖学科知识的本质？促进"高级"思维能力的发展：学习活动是否能够促进学生的批判性思维、创造性思维和问题解决能力？是否设计了任务，要求学生进行分析、综合和评估？

（3）考虑学生多种学习倾向：学习活动设计是否考虑到不同学生的学习倾向和需求？是否提供了多样化的学习资源和方法，以满足学生的多样性？

（4）提供必要的支持：教师是否能够在学生进行探究时提供必要的支持和引导，而不是过度介入？是否设置了反馈机制，帮助学生纠正错误并提升理解水平？

（5）阶段性清晰合理，符合逻辑：学习活动的阶段性是否清晰、合理，符合导入、探究、总结和迁移的逻辑？每个阶段是否有明确的学习目标和任务？

学习活动是否具有评估机制，能够展示学生对目标的达成状况？评估方式是否能全面反映学生对核心概念的理解和应用？

通过不断反思和调整，教师可以优化学习活动，提高学生的学习体验和学术成就。

案例：研究主题"生活中的问题'相关关系'多还是'不等关系'多？"[1]

章头目标

1. 了解一元一次不等式（组）及其相关概念，探索不等式的性质，掌握数字系数的一元一次不等式（组）的解法，并能在数轴上表示出解集，会用数轴确定由两个一元一次不等式组成的不等式组的解集；了解可化成一次不等式（组）的高次不等式和分式不等式的解法，了解可化成一次不等式（组）的含字母系数或绝对值的不等式（组）的解法，了解利用作差法证明不等式的方法。

2. 能根据具体问题中的数量关系，列出一元一次不等式（组），通过用不等式描述实际问题数量关系的过程，体会不等关系是现实世界中广泛存在的一种关系，体会模型思想，建立符号意识；能结合具体问题，了解利用数轴求解集的方法，体会数形结合思想；能通过类比、猜想、归纳，探索不等式的基本性质，发展符号意识，体会合情推理，能通过不等式基本性质的证明，体会演绎推理。

3. 初步学会在具体情境中发现和提出不等式的相关问题，可以综合运用数学知识和方法等解决简单的实际问题；在与他人合作、交流探索不等式的过程中，初步形成评价和反思的意识。

---

[1] 赵军才.基于整体建构的章前引言教学策略——以"不等式与不等式组"为例 [J].中国数学教育，2018（7-8）：23-27.

4.能积极参与不等式数学活动，认识数学特点，体会数学价值，敢于发表自己的想法、勇于质疑，养成认真勤奋、独立思考、合作交流等学习习惯，形成实事求是的科学态度。❶

活动设计

活动1：教师列举现实生活中的不等关系。

在现实生活中，遍布着数量关系，既有大有小，也有多有少，同类量之间或相等或不等，大家请看以下几个问题。

1.天气预报说，某市今天最低气温是 $-4℃$，最高气温是 $6℃$，设今天的气温是 $x℃$，则可以得到什么样的数学式子？

2.若用 a 表示同学小明的身高，用 b 表示你的身高，则 a、b 的关系可表示为_____。

现实生活中涉及不等式模型的问题比比皆是。用不等号"$<$""$\leqslant$""$>$""$\geqslant$""$\neq$"连接而成的数学式子，叫不等式。通过现实生活中遇到的两个问题，使学生亲身经历了将实际问题抽象成数学问题的过程，具身感知身边处处有数学，提高学生的参与度，真正使学生成为学习的主体。

活动2：学生粗读、细读、精读、品读章前引言。

活动要求：①至少读三遍；②逐字、逐句地读，尽可能地理解每一句话想要表达的意思，然后以句点为分界点，整体理解每一段话的意义；③用文字或语言将你的发现整理并记录下来。

活动目的：引导学生学会数学阅读，感受数学语言的内涵，学会归纳总结。

活动3：请大家谈谈章前引言讲述了哪些内容？你读懂了什么（知道了什么）？获得了哪些体会？

活动方式：组内交流，达成共识，组间分享。

---

❶ 人民教育出版社课程教材研究所．七年级下册．数学 [M]．北京：人民教育出版社，2012：114．

活动目的：让学生学会倾听、交流，学会表达、共享。

通过认真阅读章前言，可以发现生活中不等关系比比皆是，等式（方程）是研究等量关系的工具，而不等式是讨论不等量关系的工具，等与不等关系二者共生，相互为用。❶

活动4：我们下一步应该如何学习不等式的概念、解（解集）、性质、应用等？

借助等式（方程）的思想方法，一起学习不等式的相关知识。通过类比方程的解，得出不等式的解；类比方程的解，追问不等式解的不唯一性，生成不等式的解集；继续类比等式的性质，猜想不等式的基本性质。用教材的话，那就是"常常把要比较的对象数量化，分析其中的不等关系，并列出相应的数学式子—不等式（组），并通过解不等式（组）而得出结论。"

用类比的方式唤醒学生，是先行组织者学习的一种方法，从而达到引发学生回顾旧知，激活新知储备的目的。类比是数学中常用的方法，实现学生的正向迁移。用好类比就等于用好了经验，在宏观上展现了"教结构－用结构"的基本思想。

活动5：大家看章前图中的矩形对话框，你能用一个实际情境反映式子 $50 + 0.95 (x-50) > 100 + 0.9 (x-100)$ 所表达的意思吗？

学生的设计的情境多种多样，但基本上能达成统一，那就是根据50和100，分情况进行讨论。如果购买50支以内，则去甲、乙两个商场都一样；购买介于50~100支，应该去甲商场；若要是购买多于100支，那感觉还是要到乙商场比较划算。

活动6：师生共同讨论等式与不等式的区别与联系，等式性质与不等式性质的区别点在哪？学习过程中用到了哪些大概念和数学思想方法。

---

❶ 赵军才.基于整体建构的章前引言教学策略——以"不等式与不等式组"为例 [J].中国数学教育，2018（7-8）：23-27.

通过问题清单的形式，教师引导学生回顾课堂所学，形成结构图，如图 9-4 所示。

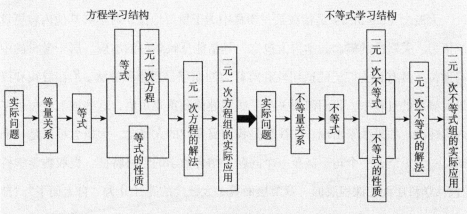

图 9-4 方程与不等式结构

基于方程和不等式（组）的内在联系，通过使用类比方法，实现"同化与顺应"，施教本章起始课，并力图用 6 个课时完成本章的学习任务，这就是整体化教学策略的具体实施。整节课都以类比为主线展开探究活动。

四、提炼大概念，总结数学思想方法

差异教学策略中，对教学目标和教学设计的阐述主要针对的是一个课时，但是由于学生核心素养的落实、学科核心素养的培养以及教材的改革，需要我们既要关注单元的整体建构，又要关注课时教学计划。《课标 2022》出台后，尽管其中对大概念没有过多关注，但是《课标 2022》要求对数学内容进行结构化，2018 年初颁布的《普通高中数学课程标准（2017 年版）》中提出"凝练了学科核心素养""重视了以学科大概念为核心，使学科内容结构化"。这就涉及学生对大概念的深刻理解，围绕大概念展开单元教学设计已然成为当前学科教育中备受关注的发展趋势和热门议题。因此，我们有必要对单元整体建构涉及的大概念进行分析。

大概念（big idea）是指在某一学科中居于重要地位，对学科其他内容更具统摄力、关联性的概念。学科大概念，是指能反映学科的本质，居于学科的中心地位，具有较为广泛的适用性和解释力的原理、思想和方法。[1]在寻找和提炼大概念的过程中，我们需要关注一些关键词和重要短语，这些词汇或短语在内容标准中如果频繁出现，往往就是我们需要找的大概念。大概念可以是一个词、一个短语、一个句子甚至一个问题。结合数学的学科特征，提取数学学科（包括学科层面、课程层面、章节层面等）大概念的路径分为"自上而下""自下而上"两种方式。"自上而下"的提取方式，由于存在带有顶层设计特点的"课程标准""学科核心素养""专家思维"等成果及研究的范围和框架作为参照，提取大概念相对而言较为程序化或者可控。比如，数学课程标准给出了数学课程的课程性质与基本理念，凝聚了众多数学家、数学教育专家等众多学者的思考与集体智慧，是比较抽象的概括性语言，是大概念集中的地方。又如，数学家与数学教育专家学者的论著凝聚了专家们对数学与数学教学的深刻的思考，也是容易发现大概念的地方。"自下而上"方式更多的是一线教学需要面对的问题，反而成为大概念提取的难点，也正是大概念教学的难点。

在实际操作中，自上而下提炼方法还可以进一步演化为圆形图法，通过不断地缩小研究的圈层，提炼出核心概念，如图9-5所示。[2]最外圈表示该学科领域中所有可能的知识内容，如小学数学阶段的"四大部分"——数与代数、图形与几何、统计与概率以及综合与实践，这些内容都会在单元或课程中进行

---

[1] 顿继安，等.大概念统摄下的单元教学设计 [J].基础教育课程，2019（9）：6-11.

[2] 格兰特·维金斯，杰伊·麦克泰格.追求理解的教学设计 [M].上海：华东师范大学出版社，2017：67.

考查，但是我们不能教授所有的内容，所以中间的圆圈为需要掌握和完成的主要内容。❶

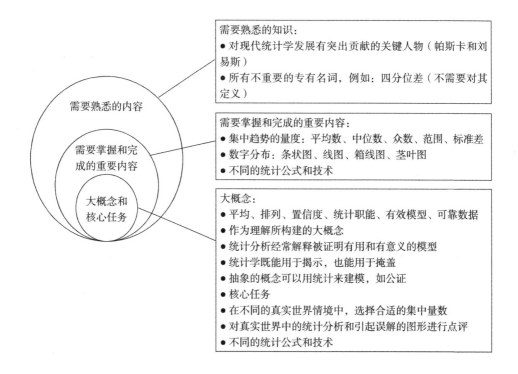

需要熟悉的知识：
● 对现代统计学发展有突出贡献的关键人物（帕斯卡和刘易斯）
● 所有不重要的专有名词，例如：四分位差（不需要对其定义）

需要掌握和完成的重要内容：
● 集中趋势的量度：平均数、中位数、众数、范围、标准差
● 数字分布：条状图、线图、箱线图、茎叶图
● 不同的统计公式和技术

大概念：
● 平均、排列、置信度、统计职能、有效模型、可靠数据
● 作为理解所构建的大概念
● 统计分析经常解释被证明有用和有意义的模型
● 统计学既能用于揭示，也能用于掩盖
● 抽象的概念可以用统计来建模，如公证
● 核心任务
● 在不同的真实世界情境中，选择合适的集中量数
● 对真实世界中的统计分析和引起误解的图形进行点评
● 不同的统计公式和技术

图 9-5　提炼大概念的具体方法

图 9-5 圈层中的"需要掌握和完成的重要内容"，对于统计分析部分，集中趋势的量度（如平均数、中位数、众数等）提供了对数据集中心的度量，反映了数据的主要趋势或"集中点"，数字分布（如条状图、线图、箱线图、茎叶图等）则提供了数据分布的视觉表示。这些图表可以直观地显示数据的集中趋势、分散程度以及任何潜在的异常值。集中趋势的量度与数字分布是相互补充的。量度提供了具体的数值，而分布图则提供了这些数值在图形上的表示。核心概念在数学学科的教学中得以体现，通常表现为深刻理解的数学原理、定

---

❶ 格兰特·维金斯，杰伊·麦克泰格. 追求理解的教学设计 [M]. 上海：华东师范大学出版社，2017：79.

理和模型。这些关键概念在教学内容中扮演重要角色，作为教学的基石，它们揭示了下一步的教学目标，突出了教学的难点和重点。在单元教学和其他相关单元的主题学习中，这些核心概念表现出卓越的关联和传递能力。"确定了学生的前需知识和技能，这些知识和技能使他们成功地完成有关理解的关键复杂表现——迁移任务。""在最内层的圆圈里，我们选择了可以揭示指向单元或课程核心任务、明确处于学科中心的可迁移任务作为主要内容，体现学科'大概念'"❶，如围绕着数学学科核心素养而教学，在进行相关的迁移中掌握数学核心任务，培养学科核心素养。

根据数学学科大概念具有概括性、永恒性、迁移性及发展性的特征，查尔斯在其界定之上，系统提出了 21 条数学大概念。❷

根据查尔斯的定义和大概念，不等式（组）单元起始课的大概念可以归结为：不等式、不等式的基本性质［不等式性质 1：不等式两边加（或减）同一个数（或式子），不等号的方向不变；不等式性质 2：不等式两边乘（或除）同一个正数，不等号的方向不变；不等式性质 3：不等式两边乘（或除）同一个负数，不等号的方向改变］。在本单元的学习中，所需要的数学思想方法是模型思想以及类比迁移方法。

第二节　新授课的差异教学策略

新授课的主要特点在于新知识与新技能的增长，数学新授课包含概念学习课、原理学习课以及问题解决课。聚焦每一位学生的个体发展，以学生的成

❶ 格兰特·维金斯，杰伊·麦克泰格. 追求理解的教学设计 [M]. 上海：华东师范大学出版社，2017：34.

❷ CHARLES R I. Big ideas and understandings as the foundation for elementary and middle school mathematics [J]. National Council of Supervisors of Mathematics（NCSM）. Journal of mathematics Education Leadership，2005（8）：9-24.

长需求为出发点，审视整个教学过程，致力于真正洞察学生的学习需求，成为课堂教学中至关重要的首要任务。通过深刻理解每个学生的独特差异和学习风格，教师不仅要关注学科知识的传授，更要注重个性化的教学设计，以满足学生在认知、情感和社会层面的多元化需求。因此，新授课的差异教学模式与一般课型差异教学模式有相似的地方，也有不同之处，数学新授课的差异教学模式构建如图 9-6 所示。

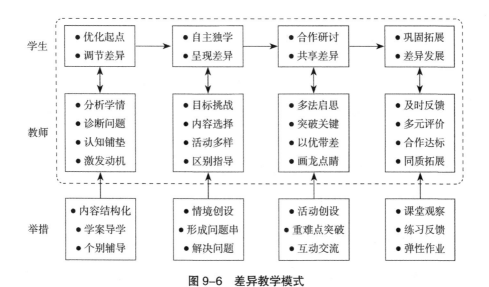

图 9-6 差异教学模式

新授课的差异教学模式脱胎于差异的一般教学模式，学生学习和教师教学与一般模式一般无二。对于学生来说，优化学习起点，培养自主学习能力，与同伴、教师的合作交流能力以及巩固所学知识是学习新知识新技能必要条件。对教师来说，课前了解学生的认知准备、学习动机、生活经验，诊断学生在学习新知识、新技能前存在的问题，通过各种方式做好认知铺垫，激发学习动机是教授新课的前提条件。课中，教师根据学情、教学内容设计教学目标，将所教内容结构化以及创设适合学生的情境，鼓励学生提出问题是课程顺利实施的重要手段；教师根据学生的认知风格，采取多种教学方法，创设活动，引领学生突破重点和难点，倡导小组合作，鼓励师生、生生互动是提高教学质量的必要过程。整节课中，通过课堂观察，回答问题、练习反馈等方式，注重及时、客观地评价学生，从而保障教学的有效性和实效性。

新授课更注重对学情的诊断、对教材教学内容的把握、情境的创设和问题的提出，形成问题串，更注重教学的灵活组织与安排，在产生思维的碰撞、及时地反馈与评价、兼顾结果的同时注重过程。

一、优化起点，做好认知铺垫

新授课中，优化学生起点、了解学生认知准备、诊断学生学习中存在的问题以及做好认知铺垫是缩小差距的有效途径，采取的具体措施主要有：内容结构化、导学案设计或相关知识的测查以及个别化辅导等。

该模式的核心理念是"以学定导"，是建构主义教学理论话语体系下的行动策略。这里的"学"含有如下两层意思。

（一）教师对数学内容的结构化组织和深度学习

中小学数学各个知识点之间不是孤立地存在着的，而是围绕着一定的逻辑体系，通过基本命题或者概念体系进行系统组织和建构，形成相互联系的"整体"。从数学知识的关联性来看，数学知识之间有纵向知识结构关联、横向知识结构关联或者纵横融通的知识结构关联，教师在组织教学前要清楚地明晰知识之间内在的结构关系。❶ 就像庖丁解牛一样，只有深入了解牛的结构机理，才能游刃有余地剖析。教师只有深入理解所教内容的结构，才能对课程内容做出科学分析和问题创设，深度开发相应的学习工具，深度地答疑解惑。

---

❶ 朱先东. 指向深度学习的数学整体性教学设计 [J]. 数学教育学报，2019（5）：33-36.

（二）学生要对所学的内容提前预习或者检测

在上数学课前，学生是否需要提前预习，需要根据所学习的内容来决定。不同于语文、英语等学科，对某些数学概念、数学命题的形成过程需要让学生经历"再发现"的过程，所以在学习这些内容时，不需要让学生先行预习。比如，三角形面积公式可以通过引导学生经历公式产生的过程。不预习，并不代表不了解学情，教师在新授课前，应对学生是否具备学习这节课的认知准备进行测查，一般做法是在课前对全班同学实施小测查。如前，在学习三角形面积公式前，教师需要对学生平行四边形和长方形面积公式进行测查，同时在测查中设计"你能根据平行四边形面积公式或者长方形面积公式推导出三角形面积公式吗？"这样的开放题。但是，数学中还有很多概念、命题等需要在教师智慧引导下，在相应学习工具的辅助下，对课程内容进行结构化分析和问题预设。学生主要通过学案或者类似导学案的学习工具进行预习。如有理数的乘除法，需要学生提前进行预习，进而了解概念产生的背景和运算的基本规则。

"以学定导"的"导"既有对学生在学习中存在的问题进行指导、引导之意，也有针对学生课前学习中存在的差距进行辅导之意。对学生学习过程中存在问题进行指导学习，包含师生互导、生生相导两层含义。而对学生课前学习中存在的个体间差异和个体内差异，需要教师进行有针对性的辅导，目的在于认知铺垫，缩小差距。

> **案例：《柱体、锥体、台体的表面积与体积》课例 ❶**
>
> 《柱体、锥体、台体的表面积与体积》这一节课的内容学生既熟悉又陌生，熟悉是因为部分知识学生在小学、初中陆续接触过，如圆锥的侧面展开图是扇形、圆柱的侧面展开图是矩形、圆锥、圆柱的体积公式等；陌生

---

❶ 叶忠.利用教学前测 实施差异教学 [J].福建中学数学，2022（5）：20-22.

是因为本课将系统学习表面积、体积公式，圆锥、圆柱、圆台的表面积公式将利用所学知识进行推导，直观感知、数学运算、逻辑推理素养相对过去学习有更高的要求。这样的知识特点，如果在正式施教前进行测查的话，对学生深刻领会新知识会有很大帮助。

在教学前测时，设置如下一组问题：

（1）写出三角形、长方形、梯形、扇形、圆的面积公式。你还记得哪些图形的面积公式？

（2）正方体、长方体、圆柱、圆锥的体积公式是怎样的？

（3）见图9-7，$\triangle ABC$ 中，$DE \parallel BC$，若 $DE = r'$，$BC = r$，$BD = l$，求 AD.

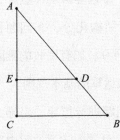

图9-7　三角形 ABC

（4）你能根据圆柱、圆锥、圆台的几何结构特征，尝试画出它们的侧面展开图吗？

①圆柱：　；②圆锥：　；③圆台：　。

（5）你能根据图9-8所示，尝试推导阴影部分面积吗？

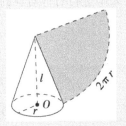
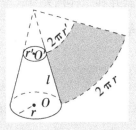

图9-8　求阴影部分面积

在学生没有预习新课之前进行教学前测，让学生花8~10分钟当堂独立完成。从而发现教学前测能够为教学带来一些积极影响。

1. 诊断学生学情，渗透差异教学

根据前测结果，了解到有不同教育需要的学生的实际情况：如认知水平、知识基础、学习态度、兴趣、习惯等，并据此对教学内容进行开发。实际教学中，可以根据教学内容考虑是否需要前测，时间可以是3~5分钟、5~10分钟不等。内容可以是记忆型的基础知识、理解型的思想方法或者内隐型的学科素养。本例中的（1）与（2）了解的是学生对基础知识的熟悉程度，（3）了解的是知识与方法的掌握情况，（4）与（5）了解的是方法与素养水平，特别是（5）小题中的第二个图，在没有预习的前提下，完成此题需要有较高的学科素养水平。学生完成的前测问题，可能不完美，但却能真实反映已有认识水平，透过这份练习卷，可以为我们提供教学设计的一些新思路。

对于一些已学知识，学生对知识的理解或记忆会出现不同的特征。如本例中，通过教学前测，发现学生对圆柱体积公式记忆准确，部分学生扇形面积公式和圆锥体积公式有些模糊。课堂教学中，利用课堂"前测反馈"，用三角形面积公式类比联想，帮助学生巩固扇形面积公式，通过回顾小学时老师用圆锥（与圆柱等底等高）量沙子的情境回忆圆锥体积公式。通过（3）发现很多同学知道方法，但算不对结果，了解到要帮助学生加强推理运算，可以在课堂教学的对圆台侧面积公式的探究中加强个别辅助，集中讲评时尽量具体详细。

2. 复习已学知识，缩小认知差异

已学过的知识可能因学习时间远近或理解深浅不同，导致学生在学习新知识时，记忆提取程度不同，统一的班级授课下，相对陌生的知识很容易给学习者带来困扰，课前复习可以让不同层次的学生尽可能地站在一个起点上。利用前测，复习已学知识，让学生对新课相关的旧知更熟悉，缩小认知差异，从而使课堂教学中的教师新课讲解更流畅，也让学生课堂学

习能更专注。

本例（1）中三角形、长方形、梯形、圆面积公式，是学生非常熟悉的，通过前测，让学生复习回顾，不再利用课堂时间复习，节约课堂时间；一些知识，如扇形面积公式、圆柱体积公式，部分学生很熟悉，也有部分学生遗忘，通过前测，避免因为旧知识的陌生感影响学生新知识的学习；对遗忘的知识通过前测，也可以促进学生的自我复习。

3. 创设数学情境，照顾学生差异

对于前测中反映出来的问题，特别是涉及本课的重难点知识，可以根据学生学习特点，利用教学资源，在教学中设计动手操作情境，让学生在过程性学习中理解加深。

关于本例（4）中的问题③，发现学生在没有预习的情况下，有近半的同学画出的是梯形。根据学生的这种情况，课堂教学中，可创设操作情境，和学生一起把圆台形纸杯剪开，体会圆台的侧面展开图是扇环，并通过几何画板演示，探究扇环面积的求法。

二、自主独学，形成问题串

经过沸沸扬扬的数学课程改革，数学课堂中的"填鸭式"教学方式有所改观，教师与学生的角色也发生了变化，教师从单纯的知识传授者转变为学生学习的促进者、课程的开发者和研究者。学生也从学习的接受者转化为教学活动的参与者、问题的研究者和学习者。[1]

为了培养学生的自主学习能力，教师借助问题串来引导学生的学习。在这种教学中，学生产生的问题驱动学校数学课程的编制和教学时间的分配，其

---

❶ 燕学敏. 问题意识：数学课堂有效教学的关键 [J]. 数学通报，2010（3）：20-23.

核心在于挑战性主题的设计和提出，这个挑战性主题需来源于学生中的真实问题。为了解决这个问题，学习者需要运用相关的数学知识、技能、数学思想、方法以及数学思维，经过思考、探讨，获得研究结论，进而解决问题，获取新知和新技能。

换言之，学生的学习始于问题的解决过程，在着手解决问题之前，学生需要获取新的知识。此过程并非追求单一的正确答案，而是涉及对问题的深入解释、必要信息的收集，探索可能的解决方案、对选项进行评估、并最终得出结论的复杂过程。学生不仅仅是问题的解答者，更是问题的解决者，应培养其批判性思维和创造性思考的能力。❶这一学习理念强调学生在面对挑战时不仅要能够运用已有知识，还要能主动追求新的知识，以促进其全面而深刻的学习经验。由于问题引领是从一个待解决的问题开始，学生可以通过直接提出问题、聚焦问题及解决问题来颠覆传统课堂教师的"一言堂"现象，如学生经常遇到的加减法问题，可以通过建模问题来解决。

利用学生的已有知识和未有知识之间的认知空白来设疑，在符合"最近发展区"理论的前提下，教师根据学生掌握的知识设置一个高于目前认知能力的问题，制造学生的认知冲突，使之处于一种"心理失衡"的状态，从而促使学生为了达到新的"知识结构平衡"，不得不去寻找新的理论和知识点，以弥补这种不稳定的状态。因此，要唤起学生的问题意识，培养问题能力，教师自己也要有强烈的问题意识和较高的问题能力。这就需要教师熟悉教学内容，熟悉数学内容所隐含的数学思想方法以及这种思想方法的来龙去脉，只有熟悉它最初产生的矛盾在哪里，才能真正地在现实世界或虚拟的背景中创设问题情境，引发学生深入思考。

问题意识是创新与创造的原动力。在这里，首先是发现问题，如果不善思

---

❶ 赵国权. 中小学生问题意识的培养 [J]. 中国教育学刊，2005（11）：33-36.

考、不会发现问题，就谈不上解决问题。对于本就具有强烈好奇心的中小学生来说，要鼓励他们在学习过程中善于独立思考，勇于质疑；教师要着力创设问题情境，激发学生思考的兴趣，从而提高其独立思考及解决问题的能力。唯有如此，才能培养和提高学生的创新能力和实践能力。在解决问题中学习是触动学生心灵、直抵数学知识内核的学习方式。

案例：《不等式的基本性质》（北京市 2020 年启航杯一等奖） ❶

教师在上这节课之前，对教材和学情进行了详细的分析。

（1）从教学参考书上看，学生普遍的认知基础（知识基础）有：第一，会比较数的大小；第二，理解等式性质并知道等式性质是解方程的依据；第三，知道不等式的概念；第四，具备"通过观察、操作并抽象概括等活动获得数学结论"的经验，有一定的抽象概括能力和合情推理能力。

（2）从教学参考书上看，学生普遍的认知障碍（能力基础）是：第一，探索不等式性质时，如何与等式性质进行类比，类比什么，思路不是很清晰；第二，探索不等式性质2、3时，由于学生思维的片面性，会产生考虑不到不等式两边乘或除同一个负数的情况；第三，运用不等式性质时，由于已有知识经验产生的负迁移，学生不理解运用性质3时，为什么要改变不等号的方向，以及在不等式的等价变形时，什么时候要改变不等号的方向。

（3）结合实际来看，有如下特殊的学情状况。

一是已学知识、能力的情况：知识方面，经过不等式章节第一节课选择题答题器的调查，有79.4%（27/34）的学生已在辅导班或自学过不等式与不等式组相关内容。通过开学时的一对一约谈得知，在全班34名学生中，有44.1%（15/34）的学生是数学竞赛选修课的学生，所有人均已学习

---

❶ 执教者：白成

过一次不等式相关的数学竞赛内容，并有比较好的代数变形功底；同时，有 6 名学生已学完整个初中数学竞赛的内容，3 名学生为特优生，有 17.6%（6/34）的学生是其他学科竞赛选修课的学生。通过课堂观察和平时作业情况分析，这些学科竞赛学生的抽象思维能力、代数推理能力、类比迁移能力、自主学习能力相对较好，能接受较难、较深、较抽象的内容，但文字语言的总结能力和符号语言规范书写的能力较差。在剩下 38.3%（13/34）的学生中，有 6 名学生已学过不等式与不等式组的内容，7 名学生是第一次学习，结合之前的课堂表现和平时成绩（见表 9-1）来看，有 4 名学生基础较好，3 名学生基础较为薄弱。

表 9-1　学情测查

姓名	分数				总分	等级
	第一章	第二章	第三章	第四章		
1	100	98	97	94	97.2	A+
2	95	93	97	93	97.1	A+
3	100	93	98	95	96.7	A+
4	95	97	100	95	96.6	A+
5	100	96	100	92	96.5	A+
6	95	99	92	94	96.2	A+
7	100	90	95	89	96	A+
8	99	86	96	78	95.9	A+
9	100	91	98	79	95.9	A+
10	90	89	92	89	95.4	A+
11	100	97	97	93	95.3	A+
12	96	94	92	93	94.9	A+
13	97	96	100	92	94.8	A+
14	100	97	94	80	94.6	A+
15	99	91	97	91	94.5	A+
16	96	95	100	87	94.4	A+
17	96	93	100	99	94.4	A+
18	100	93	95	89	94.3	A
19	100	91	100	85	93.8	A

姓名	分数				总分	等级
	第一章	第二章	第三章	第四章		
20	90	86	92	87	93.3	A
21	89	91	100	98	93.2	A
22	94	97	100	90	93.2	A
23	86	96	87	89	92.5	A
24	95	95	90	96	92.3	A
25	97	96	95	78	92.3	A
26	96	97	100	92	92.1	A
27	88	88	95	81	91.1	A-
28	93	89	100	84	91	A-
29	96	95	100	86	90.4	A-
30	93	76	94	77	90.3	A-
31	76	82	83	83	89.8	A-
32	97	91	100	80	89	A-
33	96	98	100	93	88.1	A-
34	91	93	94	77	78.4	B

注：

学科竞赛类：1、3、4、5、7、12、13、14、15、17、26、33，2、11、24，10、16、18、21、22、27

基础较好类：6、8、9、19、20、23、25、28、29、30

基础薄弱类：31、32、34

总结来看，61.8%（21/34）的学生是学科竞赛选修课学生，29.4%（10/34）的学生没有学习过学科竞赛但基础较好，8.8%（3/34）的学生基础薄弱；另外，有79.4%（27/34）的学生已学过一次不等式（组）的内容，20.6%（7/34）的学生还没有学过。

二是不等式的学习情况：第一次学情分析：学生在不等式第一节课已学过以下内容：不等式及其解集，不等式的分类，五种不等符号：>、≥、<、≤、≠。大部分学生已通过各种渠道学过不等式的基本性质及解一次不等式（组）的方法。第二次学情分析：通过课前准备任务单的反馈，大部分学生完成情况较好，说明能解复杂的一次不等式，但也有极少部分学

生在解系数为负数的不等式时有错误。另一方面，通过与部分学生交流可知，虽然已经提前学习过不等式，但对解法逻辑和不等式基本性质的本质了解不多，知其然不知其所以然。同时，很多学生虽然会解不等式，但书写过程不规范，有"会做不会写"的问题。

结合很多学生会解不等式、但不清楚知识逻辑的学情特点，线上授课时，基础阅读材料中设计了逐层递进的问题链，使自主探究不等式基本性质的过程具有启发性、逻辑性，如图9-9所示。

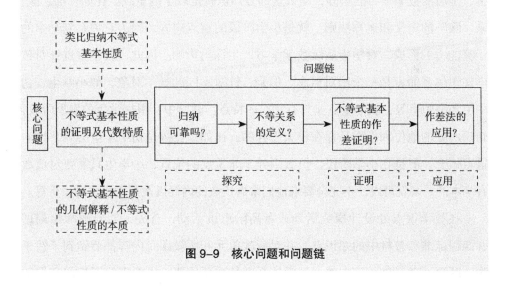

图9-9 核心问题和问题链

三、合作探究，教学重点处设计活动

在数学活动中，通过情境感知、提出问题、分析探索、思考解决方法等环节，以及回顾、反思、交流、讨论、总结等过程，学生丰富了各种体验和发现，包括思想和情感上的困惑、迷茫、挣扎、顿悟与欣喜。若其中任何一环节缺失，学生获得的数学活动经验将显得残缺不全，不足以完整地支撑其数学学习与体验。因此，丰富学生数学活动经验的生成策略主要在于教学关键点和难点的突破上，在一节课重点环节与学生认知有冲突的地方组织学生积极参与数学活动的全过程，有助于促进学生积累完整的数学活动经验。

在教与学相关理论中都有关于教学重点的解释和定义，但是这些定义大多数语焉不详，要不陷入重复定义的怪圈，要不就是笼统概之。其实，教学重点既是一个绝对的概念又是一个相对的概念，对于数学学科，教学重点是基于一定标准而言的，这个标准就是所学内容在整个数学知识体系中的地位和作用，如果所学知识在整个知识系统中处于重要的地位，它关系后续知识的理解和掌握，是后续数学学习的基础，那么这部分知识就是教学的重点。比如"加、减、乘、除"的定义和运算法则，就是小学阶段的重点内容，因为它关系到学生的运算能力的形成，对学生后续数学学习产生深远影响。因此，教学重点针对数学知识体系而言是一个绝对概念。但是，针对不同的教学对象，如小学生、初中生和高中生等，教学重点又具有相对的特点。教学中，根据学生的发展阶段，知识所处的地位和作用是存在较大差异的。比如，负数是初中学生必须掌握的重点概念，但是在小学阶段，负数则处于非重点的位置，小学生只需要对负数有基本的了解就可以，不完全要求他们掌握负数的内涵以及与之相关的运算等。

在教学重点处设计探究活动或者高阶思维活动，首先，需要教师深刻理解课程标准和教材中的知识点，并对所教单元和所教课时内容都要做到了然于胸，既深刻理解该单元在整个教学体系中的重要位置，也要理解所教内容在整个单元中的重要地位，从而对所授内容该如何设计活动做到心中有数。

其次，在教学重点处设计教学活动还需要了解教学活动设计的基本方法，主要包括以下几种。

一是师生转变教与学观念，从原来的"要我学"转变为"我要学"，操作策略是将陈述句表述的课时学习目标转化为易于学生理解的疑问句表达，激发学生学习的兴趣，唤起学生主动参与思考、分析、探究、交流的学习热情。

二是建立数学学习内容、数学思想与社会生活之间的联系，创设承载数学学习任务的活动情境。

三是组织学生围绕学习目标，先独立分析任务情境的程序，思考问题解决的思路与方法，然后小组内进行互动分享，深入探究。

四是全面评估学生掌握情况，可以通过提问、展示及书面批改的形式进行，及时反馈，教师针对共性问题进行详细讲解。

教学重点处活动设计的程序可以归结为如图9-10所示的流程图。

例如，有的老师在讲授"分式的基本性质"时，将教学目标转化为问题，引发学生的思考。将"通过类比分数的基本性质，探索分式的基本性质，初步掌握类比、化归的数学思想"教学目标转化为"你能叙述分数的基本性质吗？"和"类比分数的基本性质，你能猜想出分式的基本性质吗？"两个问题，既能帮助学生回忆分数的基本性质，也能使学生通过类比分数的基本性质

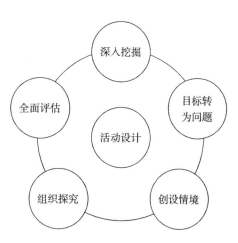

图9-10　教学重点活动设计流程

迁移概括出分式的基本性质。

在达成"掌握分式的基本性质"教学目标时，有的教师将其凝练成以下三个主要问题。

（1）第一个问题：你能用自己喜欢的方式（如图形、文字或者创设一个情境）来表示分式的分子和分母同时乘以一个不等于零的数，而分式的值不变吗？

（2）第二个问题：你能用自己喜欢的方式（如图形、文字或者创设一个情景）来表示分式的分子和分母同时乘以一个不等于零的单项式，而分式的值不变吗？

（3）第三个问题：你能用自己喜欢的方式（如图形、文字或者创设一个情

景）来表示分式的分子和分母同时乘以一个不等于零的多项式，而分式的值不变吗？

三个问题的提出引起了学生极大的学习兴趣，有的同学用长方形的面积来表示分式的基本性质。例如长方形的面积为 S，长是 a，那么长方形的宽可以表示为 $\dfrac{S}{a}$，如果三个这样的长方形拼在一起形成一个新的长方形（见图9-11），

那么这个新的长方形的宽是 $\dfrac{3s}{3a}$，$\dfrac{S}{a} = \dfrac{3s}{3a}$。

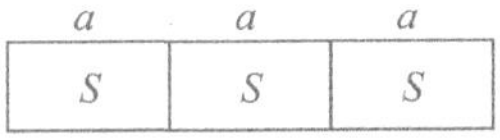

如果分式的分子和分母同时乘以一个不等于零的单项式 m，图形可以表示为面积为 S，边长为 a 的 m 个长方形相拼，形成一个面积为 mS，长为 ma 的新的长

图9-11　3个长方形拼成的新长方形

方形（图9-12），这个新形成的长方形的宽则为 $\dfrac{mS}{ma}$，$\dfrac{S}{a} = \dfrac{mS}{ma}$。

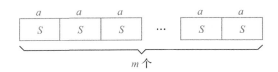

m 个

图9-12　n 个长方形拼成的新长方形

如果分式的分子和分母同时乘以一个不等于零的多项式 $m+n$，图形可以表示为面积为 S，边长为 a 的 $m+n$ 个长方形拼成一个面积为 $(m+n)S$，长为 $(m+n)$ a 的新的长方形（见图9-13），则这个长方形的宽为 $\dfrac{(m+n)S}{(m+n)a}$，$\dfrac{S}{a} = \dfrac{(m+n)S}{(m+n)a}$。

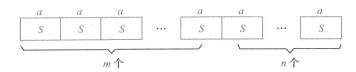

m 个　　　　　　　n 个

图9-13　($m+n$) 个长方形拼成的新长方形

教师在组织学生活动时，可先引领学生探究图 9-13 的表示方法，然后向小组提出第二个、第三个问题，创设任务情境，引领学生探究，最后对学生的探究活动进行评价，并及时就共性问题答疑解惑。

四、教学难点是学生认知冲突的关键点

教学难点主要是指教材中学生较难理解和掌握的部分，教学难点与教学重点是不同的，教学难点是针对学生理解力而言，由于不同学生的理解能力有高低之分，这就决定了教学难点是一个相对概念，比如针对某些学生而言是难点，对其他学生来说则未必是难点。通常情况下，教师根据班级内中等水平学生较难理解的地方来确定教学难点。教学难点因学生水平的差异，而表现出不同。

教学难点的这种特性对教师至少存在着下列启示。

一是确定教学难点并不是一件简单容易的事情，它要求教师对学生的接受能力有准确的把握。

二是教师在解决教学难点的过程中，不仅要考虑到大多数中等水平学生的接受能力，还要考虑到学困生的接受能力。如果学生对特定数学任务存在认知加工障碍，教师需要根据已有水平和需要水平的差异确定学习当前内容的困难所在。

就数学学科本身而言，曹才翰先生曾对此有深刻的分析："中学数学教学有五个难点：第一个难点是算术到代数，这主要表现为：由数向文字过渡；由算术方法向代数方法过渡。所谓算术方法是用已知数来表示未知数，而代数方法是把已知数与未知数同等对待，一起参加运算。第二个难点是由代数向几何过渡，即由数过渡到形。这里主要困难是在错综复杂的图形中辨别简单图形，逻辑推理的入门（其中包括证明、书写格式等）。第三个难点是由常量数学向变量数学的过渡。这时学生的思维方法仍然停留在形式逻辑的范围内，而缺乏

辩证逻辑的思想，因而对反映在数学中的变化、互相联系、对立统一等难以理解。第四个难点是从有限向无限的过渡。这里的困难在于抽象的思维达不到相应的程度。第五个难点是由必然到或然的过渡，因为这两者思考方法和思考习惯都不一样，这就要培养学生的或然思维。"❶

初中阶段，教学难点主要体现在算术到代数的过渡、代数到几何的过渡两部分。实际数学教学中，教学难点是造成学生数学成绩差异的分化点。因此教师要对数学教学难点和重点有清晰的认识，有些内容教学重点就是教学难点，有些内容教学难点不是教学重点。教学难点有时又要根据学生的实际水平来确定，同样一个问题在不同班级不同学生中，就不一定是难点。

要判断是否为教学难点，就要分析学生学习难点形成的原因，一般形成学习难点的原因主要有以下几种。❷

第一种是对于学习的内容，学生缺乏相应的感性认识，因而难以开展抽象思维活动，不能较快或较好地理解。

第二种是在学习新的概念、原理时，缺少相应的已知概念、原理作基础，或学生对已知概念、原理掌握不准确、不清晰，使学生陷入了认知的困境。

第三种是已学过的知识对新知识的学习起了干扰作用，因而在已知向新知的转化中，注意力常常集中到对过去概念、原理的回忆上，而未能把这些概念、原理运用于新的学习之中，反而成为难点。

第四种是教材中一些综合性较强、时空跨越较大、变化较为复杂的内容，使学生一时难以接受和理解，而这些内容往往非一节课所能完成，这是教学中的"大难点"。

教师要突破教学难点，有多种方法，比如直观形象法、化繁为简法或者类比迁移法等，其目的都是化难为易。

---

❶ 曹才翰. 曹才翰数学教育文选 [M]. 北京：人民教育出版社，2005：56.

❷ 王国江. 中学数学教学基本技能 [M]. 上海：华东师范大学出版社，2017：136.

（1）方法一：化抽象为形象法。由于学习内容太抽象造成的学习难点，可以借助直观的道具将抽象概念具体化，使学生更容易理解，也可以增加教学与学生生活实际的联系，通过形象的比喻向学生解释抽象原理，并借助实物图进行讲解。此外，可以充分利用多媒体信息技术在课堂中展示相关演示，以形象地揭示知识生成的过程，为学生提供更加丰富的感知经验。这些方法不仅能够多样化教学手段，活跃课堂气氛，还有助于揭示相关知识中深刻、奥妙的内涵本质。

（2）方法二：类比迁移法。由学生认知准备不足造成的难点，要以"认知铺垫，以旧引新"的方法加以突破。在数学教学中，学生要获取新知识，必须具备一定的认知基础。如果学生在学习新知识前缺乏必要的准备知识，就会面临理解新概念的困难。特别是由于学习时间过长，有些必备知识可能会模糊或遗忘。教师应该引导学生回顾旧知，在学生熟悉的基础上导入新的知识。有些必备知识在学习的时候，学生就没有理解得特别透彻，再次应用时，就会感到生疏，难以从认知中自动获取，需要教师为这些学生做好个别化指导，特别是要他们理解和具备相应的知识储备。

面对内容相近或相似容易混淆的难点，解决之道在于采用反复对比的策略。通过建立新旧知识的联系，反复进行对比分析，从中辨别出正确与错误之处。

（3）方法三：化繁为简法。面对由于难点众多、难度较大所导致的学习难题，应采取将整体问题拆解、各个击破、分散难点的策略来解决。通过设计逐渐升级的学习台阶，让学生逐一克服每个难点，最终达到解决整体难题的目标。

对于由问题错综复杂引起的难点，应采用综合分析、化繁为简的方法来突破。首先，需要仔细逐层分析问题的复杂因素，然后结合学生熟悉的知识，逐步将复杂问题转化为几个简单而基础的问题。这种逐层推导的方式使得学生更容易理解和接受，有助于有效解决复杂问题引发的学习难点。

（4）方法四：转换思维法。对于因对新知识感到生疏而产生的学习难点，需要通过采用新的思维方式来突破。有些知识可能无法通过过去的思维逻辑顺利理解，需要学生在认识上迈出新的一步，以新的思维方式来理解。教师在这一过程中应鼓励学生敢于挑战，创设合理情境，使学生能够在解决问题的过程中进行探索，从而克服对新知识的陌生感，解决学习的难点。

案例：中国人民大学附属小学《小数除法》课例

为了更好地发现学生的思维"结点"，对比直观模型的价值和有效性，中国人民大学附属小学数学团队设计了两道题目对两个平行班分别进行前测调研（见表9-2）。

表9-2　小数除法前测

题目设计		调研意图
无现实背景 无直观模型	A班： 　11.5÷5等于多少？请想办法解决，尽可能详细地记录下你的思考过程。 （注明：不提供模型学具）	①学生的思维搁浅在哪里？ ②学生是否有主动寻求模型帮助的意识，他们会想到哪些模型？
有现实背景 有直观模型	B班： 　买5袋奶一共花11.5元，每袋奶多少元？请利用学具研究，并尽可能详细地记录下你的思考过程。（注明：提供模型）	①学生思维又会搁浅在哪里？ ②直观模型的价值和有效性。

在答卷过程中，每位教师负责观察4~6名学生在作答时的行为表现和思维表现，答卷结束后继续对学生进行追访。

结果分析如图9-14所示。

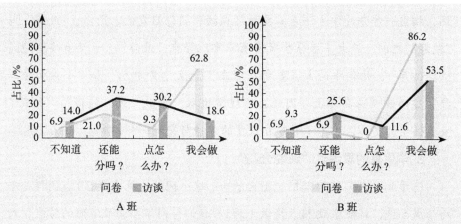

图 9-14　A 班、B 班问卷与访谈数据

1. 学生的思维难点在哪里？

从"不知道"到"我会做"，学生在从整数除法向小数除法迈进的过程中，他们的思维往往搁浅在了"可否继续分"和"小数点怎么办"这两个问题上。"可否继续分"其实就是数系扩充引发的关于"余数"的重新讨论，"小数点怎么办"其实就是小数的计数单位如何转换的问题。此二者比较，前者是基础，只有学生认可了"分"，才能进一步讨论怎么"点"。因此，学生的思维还是搁浅在了对除法意义的再认识和对小数位值的再理解上。本节课的重难点也由此确定。

2. "我会做"就一定"懂"吗？

先来看 A 班的统计图，经过进一步访谈后，A 班"我会做"的学生比例大幅下降，说明"会做"不代表"能懂"，学生的"会做"，尤其是竖式写法往往出于对整数除法的迁移模仿。这一点在后续访谈中也得到了印证。

再看 B 班的统计图，"我会做"的学生比例也有所下降，但没有 A 班那么大的落差，说明学具的提供对于学生理解和解释算理是很有帮助的，但这不代表所有学生都能够利用学具独立探索出小数除法理与法的全部内涵,相当一部分的学生还是需要教师点拨和同伴启发的。所以,"此岸"与"彼岸"之间,绝大多数学生既没有乖乖地等在"此岸",也没有安全地着陆"彼岸",他们中的大多数都滞留在"除法意义扩充"和"小数位值转换"这两座"孤岛"上。因此,实现学生从"会做"到"能懂",少不了直观模型的支撑,少不了教师和伙伴的碰撞与交流。

3.学生真的思考过"还能分吗"

基于此,我们继续深挖"还能分吗"这个问题(见表9-3)。同样是平均分成5份,将被除数11.5换做12之后我们得到了指向性不同的答案,对于11.5除以5,把10平均分成5份之后,学生思考的是怎么平均分剩下的1.5,本身作为小数的1.5并没有让学生大范围地产生能不能分下去的疑问,更多的学生认同能够继续分下去,计算的失败原因是没有找到正确的数学表达。而12除以5带给学生思维上的挑战远远大于之前,认为剩下的整数2不能再分的学生百分比达到32.5%,几乎是之前的三倍。在问卷中,学生表达了思维上的停滞。看来脱离了11.5的顺势思维,两个整数相除学生并没有继续分的需求,是不是11.5的".5"掩盖了学生细分单位的过程呢?这也是这节课为什么设计了12除以5的原因之一。

表9-3 深入调查学生的理解程度

这个算式还能往下继续除吗?如果不能说明什么?如果能,请说出你的想法,并把算式继续写完	$5\overline{)11.5}$ 中 2 ... 10 ... 1.5		$5\overline{)12}$ 中 2 ... 10 ... 2		
能 /%	正确	错误	元角分模型	面积模型	竖式
	57.50	30	7.50	32.50	27.50
不能 /%	12.50			32.50	

新授课的最后一个环节是巩固拓展、差异发展，具体措施有课堂观察、练习反馈以及弹性作业，这部分的内容将在第十、第十一章详细论述，此不赘述。

第三节 复习课的差异教学策略

数学复习课，在中小学数学教学中占有十分重要的地位。新授课后通常有复习课，期中、期末考试前有复习课。复习课不仅仅是知识的简单回顾、方法的机械总结和题型的重复训练，数学复习课最重要的价值是促进学生的深度理解，建立系统简约的知识体系，使学生透彻地理解概念、定理、公式的本质及它们之间的关联，深刻把握思想方法，积累数学活动经验。也就是说，复习课要帮助学生在知识的结果性认知基础上，建构知识之间的关系网络，使本单元知识、相关单元知识之间建立起具有简约性、多触点、结构化的系统。[1]

一、复习课的差异教学模式

数学复习课是对已学内容的回顾、巩固、应用、反思和提升，其与新授课的最大区别在于重复性、系统性、概括性、综合性和反思性。复习课并不是简单的知识回忆、题海训练，而是对已学知识的再加工。所以，诊断学生针对复习内容的学业水平和认知基础成为开展高效率复习活动的基础。

复习前，由于每个学生的个体差异不同，学生对已经学过的知识技能认知速度、加工深度和加工方式存在差异，需要教师在正式开启复习课时，通过相应的评测方式了解学情，并开展相应的复习规划。

复习伊始，由于复习的内容都是学生已经学过的知识点，为了培养学生的自主学习能力、高度概括能力和组织架构能力，学生对已学内容的自我建构非

---

[1] 吴增生，等. 科学用脑高效复习——初中数学总复习教学设计 [M]. 杭州：浙江科技出版社，2018：12.

常重要，学生在教师的指导下，回顾已学过的数学概念、法则、定理等，清晰概念的内涵与外延、运算法则的适用范围以及定理的内容和应用，构建各个知识点的联系，形成知识点的框架体系，并用外在的形式如图式等表达出来。

复习活动开始后，教师组织学生进行交流和共享，通过小组汇报、班级汇报、教师引导等方式形成全息数学知识系统图谱。在此基础上，教师针对学生学情诊断、复习过程中存在的问题进行针对性讲解和问答，并引导学生通过具体实例提炼数学思想方法。

复习活动快结束时，教师引导学生进行深刻的反思和总结，并通过设计挑战性问题促进迁移和应用。

复习结束后，教师需要了解复习的效果及学生复习前后的变化，需要进行后置性评价，并在后置评价的基础上进行有针对性的教学补救。

因此，中小学数学复习课的差异教学模式可以归纳为如图9-15所示的模式。

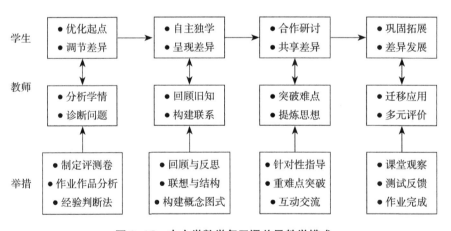

图9-15　中小学数学复习课差异教学模式

二、前置评价，诊断问题

与新授课相似，在进行单元复习时，了解学生对将要复习内容的掌握情况是提高复习课效率的必要前提。只有准确把握学生的认知情况，掌握学生对将要复习的内容的理解程度，困惑的地方在哪里，知道什么，不知道什么，才能使数学复习课既不落入原地打转的窠臼，也不至于因复习内容难以理解而让学生一头雾水。

复习课涉及的内容主要有三类，第一类属于陈述性知识，比如数学概念、简单性质等，学生可以通过复习，在深化理解这些知识的基础上，进行单元知识梳理，使之系统化和结构化。第二类是程序性知识，比如一元一次方程的解法，一元二次方程的解法等。学生通过复习，整理并强化解决某一类型问题基本思路及操作步骤，熟练解题方法，使解题技能条件化和熟练化。第三类是策略性知识，比如综合问题的解决，可能会涉及代数、几何等多方面知识的综合和联系，这一类问题需要掌握数学思想方法，来提高综合运用知识解决问题的能力。

（一）自我诊断的内容

布卢姆倡导学生在学习完一个单元后，教师可以使用诊断性评价、形成性评价和总结性评价来检测学生学习水平。复习内容的自我诊断是培养学生自主学习能力的一个环节，在这个环节中，教师对诊断内容的设计非常关键，如果没有教师的介入和干预，学生的自我诊断内容必然是五花八门、流于形式，止于浅表。因此，学生的自我诊断内容需要遵循布卢姆教育目标分类法来设计，主要考查学生对已学过知识的认知水平、记忆方式和理解程度。换句话说，自我诊断内容多是认知领域类的知识类别和认知过程类别中的低级级别。

布卢姆认知领域记忆、理解和简单运用属于低级思维活动，适合学生自我学习，而认知领域中的分析、评价和创造，属于高级思维活动，适合课堂教学。所以，教师需要设计体现不同级别思维活动的测评题型和作业，以便通过学生的完成情况来诊断学生的学习水平。如果学生能够在具体情境下识别概念、数学公式，能够说清楚概念的由来、特征，举例说明概念和数学公式的应用范围，那么学生对概念和数学公式处于了解和识记的水平。比如"了解勾股定理的历史，感受它的多种证明方法"。但是如果学生能够说清楚各个概念、公式之间的联系和区别，并能在不同的情境下辨别概念，通过模仿，用常规的方法、基本的模式，解决比较直接、简单的实际问题，那么学生对概念和公式就达到了理解的水平，比如"理解勾股定理及其逆定理"属于理解水平。如果学生对数学公式和概念等不仅能够回忆，还能够在分析实际问题的已知条件基础上，使用某一个知识点或技能，合理运用基本的模式和常规的方法，直接解决一些实际问题，那么学生达到了对概念和公式的简单运用水平。比如"使用勾股定理或其逆定理解决简单实际问题"属于对概念的简单运用水平。

当然，在教师了解学生对复习内容理解水平的同时，还需要了解学生是通过什么方式来理解和记忆知识的：有的学生比较擅长运用语言文字进行理解和记忆，如整式相加减的运算法则，如果有括号就先去括号，然后再合并同类项；有的学生擅长运用概念的模型来理解和记忆，如完全平方公式；有的学生擅长运用图形、图式进行理解和记忆，如借助三角形识记和理解三角形面积公式、长方形面积公式。

对于几何相关概念的掌握程度，可以根据范希尔的理论，将中小学生的几何思维水平分为五个水平（见表9-4）。

表9-4　范希尔中小学生几何思维水平 ●

层次	特征	具体描述
层次0	视觉	学生能通过整体轮廓辨认图形，并能操作其几何构图元素，能画图或仿画图形，使用标准或不标准名称描述几何图形；能通过对形状的操作解决几何问题，但无法使用图形的特征或要素名称来分析图形，也无法对图形做概括的论述

● 崔冉.以范希尔理论为框架的中学数学几何教材的研究 [D].上海：上海师范大学，2012.

层次	特征	具体描述
层次1	分析	学生能分析图形的组成要素及特征，并依次建立图形的特征，利用这些特性解决几何问题，但无法解释性质间的关系，也无法了解图形的定义；能根据组成要素比较两个形体，利用某一性质做图形分类，但无法解释图形某些性质之间的关联，也无法导出公式和使用正式的定义
层次2	非形式化的演绎	学生能建立图形及图形性质之间的关系，可以提出非形式化的推论，了解建构图形的要素，并能进一步探求图形的内在属性及其包含关系，使用公式与定义及发现的性质做演绎推论；但不能了解证明与定理的重要性，不能由不熟悉的前提去证明结果的成立，也不能建立定理网络之间的内在关系。能做非正式的说明但还不能做系统的证明
层次3	形式的演绎	学生可以了解到证明的重要性和"不定义元素""公理"和"定理"的意义，确信几何定理是需要形式逻辑推演才能建立的，理解解决几何问题必须具备的充分或必要条件；能猜测并尝试用演绎方式证实其猜测，能够以逻辑推理理解几何学中的公理、定义与定理等，也能推出新的定理，建立定理间的关系网络；能比较一个定理的不同证明方式；能理解证明的必要与充分条件；能写出一个定理的逆定理
层次4	严密性	能在不同公理系统下严谨地建立定理，以分析比较不同的几何系统

（二）前置评价的基本方法

　　复习课的前置评价方法与新授课有很大的不同，复习课更注重对已经学过知识的理解、运用情况。因此，复习课前置评价科学有效的评测方式主要有评测分析法和作业作品分析法。

　　如前所言，复习课有不同类型，单元复习、期中考试复习和期末考试复习。无论哪种复习课型，测试学习过的相关知识是最为直接和首要的方法。根据标准化测验的测试结果，可以采用基于知识、方法和认知特点的分项统计分析。在有条件的学校中，可以利用现代信息技术手段，对学生的复习情况进行精细化分析。借此，心理学家能够有依据地推断学生的实际水平。值得注意的是，复习测试要及时进行反馈，这样有利于教师和学生能够针对复习中存在的问题进行分析，并能够适时干预。

在确定学生复习内容的难易程度和选择适当教学方法时，可以采用作业作品分析法。通过仔细审阅学生提交的作业，教师能够更好地了解他们对相关知识的掌握和理解水平。这种分析方法使教师能够根据学生的实际表现来调整教学策略，使教学更为有针对性和有效。例如，一位教师在上"平面图形的周长和面积总复习"一课时，先出示一扇门的平面设计图，提出问题：木工师傅要对这扇门进行加工，有些数据需要我们帮他算一下。

①沿着长方形和圆形边框钉上木条，至少要多长的木条？

②给门上的圆形观察窗配上玻璃，需要多大的玻璃？

③在底下做一个六边形的装饰图案，这个装饰图案要做多大？

④解决这些问题需要用到哪些知识？ ❶

学生领悟到要利用平面图形的周长和面积的相关知识，并明确复习的主要任务。教师根据学生的反馈结果，判断学生对长方形、圆形、三角形图形的周长和面积概念的理解、面积公式的识记情况以及应用情况，特别是涉及六边形的面积时，需要迂回求解，学生不仅要具备整体设计能力，而且还要考虑三角形的面积公式，同时也要考虑在门上设计的六边形图案的面积最大值是多少？既要考虑美观，又要考虑数据的可获得性。通过这项作业，教师基本能够判断学生对平面图形面积和周长公式的理解深度，诊断出现的问题，从而在复习课中能够有的放矢、针对性复习。

除了利用测评法和作品分析法外，教师的教学经验也非常重要，有经验的教师可凭借自己多年的教学经验推断出学生对相关知识的认知水平与认知特点，特别是对学情深入了解的教师应用此方法更是游刃有余，但是此方法相较于前两种方法而言，准确性欠佳。

总体而言，在实际教学中，教师可以综合运用这三种评测方法，通过单元

❶ 左进红，崔维红.小学数学总复习的素材组织 [J].教学与管理，2017（1）：41-43.

检测和课时作业作品分析，结合教师自己的教学经验，做出相对科学的复习课前测。

三、自主建构，构建联系

学习是学习者的活动，其他任何人都无法替代。在教学中，教师并不能将知识直接输入到学生的大脑中，也不能替学生进行深度思考和学习，教师只能通过多种方法引发学生自主学习。对于已经学习过的知识，学生能够学到什么、学到什么程度，教师的帮助固然极为重要，但是，如果没有学生的自主建构，教师的"教"（帮助）就没有了意义，从根本上说，"教"也就不存在了。因此，学生对一个单元的整体理解，可以通过自主建构来进行诊断，自主建构质量的高低显示了学生之间的差异。复习内容的建构可从知识体系、技能方法及提高数学能力等方面展开。

（一）梳理知识点

首先，学生在学习过程中，往往需要借助教材这一重要工具来获取知识，掌握技能。回归教材，不仅是对知识的回顾，更是对教材脉络体系的梳理。在这个过程中，学生需要深入理解教材中的各个知识点，明确它们之间的区别与联系，从而形成一个清晰的知识网络。教师在教学中要注重培养学生能够从教材的众多知识点中提炼出核心概念、原理和方法，进而将它们整合为一个有机的整体的抽象能力。这种抽象概括能力对于学生深入理解和应用所学知识至关重要。培养学生学会如何运用数学符号、术语和公式来表达自己的思考，从而提高他们的交流与表达能力，学会从复杂的问题中找出关键要素，运用所学知识和方法来解决问题，提高学生分析问题、解决问题的能力。

其次，学生需要掌握数学语言，以便能够准确、简洁地表达自己的思想。

数学语言是一种精确的工具，它能帮助学生清晰地阐述自己的观点，减少误解的可能性。在这个过程中，学生要学会如何运用数学符号、术语和公式来表达自己的思考，从而提高他们的交流与表达能力。

最后，学生要提高自己的分析问题和解决问题的能力。这意味着他们要学会从复杂的问题中找出关键要素，运用所学知识和方法来解决问题。这种能力对于学生在实际生活中的应用具有重要意义，因为它可以帮助他们在面对未知问题时迅速找到解决途径。

总之，回归教材的过程不仅是学生对知识体系的梳理，更是他们培养抽象概括能力、数学语言运用能力和问题解决能力的重要途径。只有通过这种方式，学生才能真正消化和吸收所学知识，为未来的学习和生活打下坚实的基础。在我国教育体系的指导下，学生们应当把握这一过程，努力提高自己的综合素质，为我国的发展作出贡献。

由于同一单元的数学学习内容具有紧密的逻辑关系，所以各知识点之间相互关联，密切相关。学生在教师的引导下，对已经学习过的单元知识进行有序、合理地构建，通过图、表的方式，初步形成逻辑严谨、主线突出、脉络清晰、体系完整的知识结构。在此基础上，学生还需对知识和技能有更高层次的理解与把握，对已学知识及其过程进行解构。解构是复习课的核心要义。

教师在教学中可以有意识地指导学生将教材中的零碎知识点通过网络结构法（知识的可视化，能够有效促进学生非语言表征的发展）、比较整理法（鉴别事物的相似性与相异性）、流程图法、纲要信号图示法等复习方法对知识进行深加工，删除、替换和保留某些信息（前提是学生较深刻理解这些信息），从而加深对陈述性知识的理解，促进陈述性知识的保存、提取和应用。❶思维

---

❶ 何善亮. 复习课教学存在的问题及其改进建议 [J]. 当代教育科学，2012（2）：37-40.

导图以直观形象的方式对知识、信息进行加工，有助于整合知识体系，形成知识网络，所以在复习课上更具价值。例如，有学生在复习五年级上册教材"小数除法"单元时，学生独立整理、绘制出如图 9-16 所示的思维导图。该思维导图清晰明了地呈现了已学过的本单元的所有知识点。

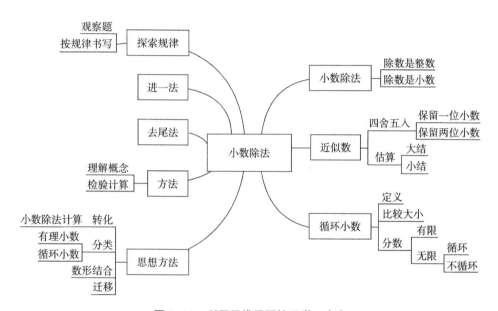

图 9-16 利用思维导图梳理学习内容

（二）"熟能生巧"——熟在高阶思维

数学复习课少不了数学技能的学习和训练，数学技能既是陈述性知识又是程序性知识，当它作为数学规则时是陈述性知识，当它应用于问题解决时则是程序性知识。从学习程序性知识到程序性知识使用的熟练化与自动化，需要大量的针对性训练，颇受诟病的"题海战术"即源于此。在实践中，广大教师们秉持着一项技能需要练习多次学生才能达到基本掌握水平的理念，想当然地认为"熟能生巧"。真的"熟能生巧"吗？其实不尽然，就看"熟"的是哪一层级的技能了，如果总是徘徊在低层次的思维训练上，这样的"熟练"多做无益。反之，如果在学生最近发展区进行挑战性技能训练，这样的"熟练"多多益善。要迅速而有效地使用这项技能，需要教师选择的例题具有典型性、多样性、挑战性和梯度性。

例题要在"典型"上做文章，"典型"表现在所选的例题要体现数学的重点知识、核心思想、核心技能和核心能力，是课程标准中的重点难点部分。对学生来说要有挑战性，既要与学生的认知水平、解决问题的能力相匹配，又要处在学生"跳一跳"就能够得着的地方，有助于学生思维的"生长"和"深化"。既能够在同类题型之间进行对比联系，根据不同解法比较分析，又能够产生后续变式、拓展、引申跟进。

例题的"多样性"体现在解法的丰富性、过程的思想性、应用的灵活性、知识的关联性及问题结构的拓展性上。复习课中的例题挑战性体现在"新、深、广"，即结构变化新，知识渗透深，方法应用广。例题结构的变化带来解法的变化、思维的深化。教师在该环节中，应适时引导、点拨，指引学生的探索方向（如引导学生进行条件变式、结论变式、图形变式、等价变式、逆向变式、拓广变式等）。

例题的"挑战性"在于培育学生深度思维，旨在引导学生的数学思维能力呈阶梯式上升，螺旋式深化，使认知从表及里，层次更为丰富。在复习课中，一道例题能够让学生运用多种解法来求解，每一种解法之间又存在内在的联系，具有一定的思想性和思维深刻性。

例题的"梯度性"最能体现教师照顾不同水平学生的认知差异。数学技能的形成不是一蹴而就的，它需要经历认知—模仿—练习—熟练的过程。学生的认知速度存在一定的差异，有的学生能够立刻领会知识点的核心思想方法，并能快速做出反应，通过练习达到熟练。有的学生需要较长的时间才能领悟知识点的精髓和中心思想方法，再慢慢内化、吸收成为自我认知的一部分，达到熟练则需要很长时间。但是受课时的影响，教师需要在例题的设计时为这类学生提供一定的脚手架，比如为了完成课程标准的技能要求，把例题进行分解，逐一升级，最终达到所期望的高标准、高要求。

四、合作研讨，深化拓展

学生复习的内容除了程序性知识外，更重要的是"能够从学科整体的高度来理解数学知识，对学科间的内在联系（横向和纵向）有比较清晰的认识，进而能够掌握数学思想方法、提高综合运用知识解决问题的能力。"在教学模式的前两个阶段，学生梳理了知识间的内在逻辑关系，在教师的引导下，掌握了本单元应该掌握的解题技能。在接下来的合作研讨中，教师要善于利用不同层次的学生作品，发挥多元思维带给学生不一样的视角和丰富的体验，为下一步求同存异的交流做好铺垫。同时也为进一步提升学生思维水平提供具有挑战性的任务或者问题。

在合作研讨时，教师的引导作用在于设计具有一定情境的问题。学生经过自主探究、小组交流、班级内研讨等方式，通过横向拓展、纵向深化形成一类题的解决方法，学生的思维路径和解题方法经过说题、说策略，开展合作、交流、讨论，能更好地激发思考的积极性和主动性，"碰撞"思维，引发更强烈的"思维风暴"，在比较中优化策略，在"批判"与"辨别"中提升思维，使策略性知识得到有效的内化。

学生在汇报时，先介绍自己的想法，其他的学生可以从整体和局部两个维度进行评价，并提出疑问及合理化的建议。在生生互动的辩论中，学生对数学知识的理解，逐步由浅入深、由此及彼，进而建构相关知识之间的内在联系。让原来认识上有所欠缺的学生能完善认知结构，思维清晰的学生更"知其所以然"。教师对于学生研讨中存在的困惑点进行有针对性的指导，并帮助学生攻克复习中存在的难点问题。

具体的研讨方式，在新授课教学模式中已论述，在此不再详述。

五、后置评价，巩固提升

在学生梳理、巩固数学知识的基础上，教师通过总结、测试、作业和任务驱动等方式进行拓展和提升。通过课上总结，学生能够清晰本节复习课所复习的内容框架、各知识点间的逻辑关系以及所运用到的数学思想方法和解题策略。通过课后评测，教师了解学生复习活动前后学业水平的差异，评估复习效果，并为是否需要进行教学补救提供依据，同时可以根据评估结果进行循证教学。课后评测的方式有纸笔测试法和作业分析法。在教学中，宜采用两者结合的方式进行，既不能高密度地开展纸笔测试，也不能一直用作业来检测，应两者结合，相得益彰。

案例：中考复习一次方程（组） ❶

第一步，帮助学生建构"一元一次方程"的知识体系。在复习方程及解法的基本知识之后，放手让学生自己练习解一元一次方程、分式方程、二元一次方程组、一元二次方程的基本题，让学生发现"方程解法"的一般方法和基本思路。

第二步，出示几个典型题例，补充这一知识体系中需要重点关注的"易错点"，进一步完善这一知识体系。

第三步，放手让学生自己解分式方程，通过练习发现解分式方程实质是把分式方程通过"去分母"，最终转化为一元一次方程并求解的过程，将"分式方程"与"一元一次方程"进行整体建构，初步形成"方程解法"的知识体系。

---

❶ 何波.高效课堂，完美"复习"——脑科学视域下，数学学习意义的重构与实践[J].新课程，2015（9）：112.

第四步，放手让学生自己练习几个不同形式的一元二次方程，通过练习发现解一元二次方程实质是把方程进行"降次"，最终转化为一元一次方程并求解的过程，将"一元二次方程"与"一元一次方程"进行整体建构，初步形成"方程解法"的知识体系。

第五步，继续让学生自己练习解二元一次方程组，发现解二元一次方程组实质是把方程组通过"消元"最终转化为一元一次方程并求解的过程，将"二元一次方程组"与"一元一次方程"进行整体建构，进一步完善"方程解法"的知识体系。

第六步，引导学生思考和总结。构建关于"一元一次方程"的思维导图，形象地展现"一元一次方程"和"一元二次方程""二元一次方程"分式方程的关系，解释解方程的本质，其实就是使 $x = a$（a 为常数）。

此案例思维导图如图 9-17 所示。

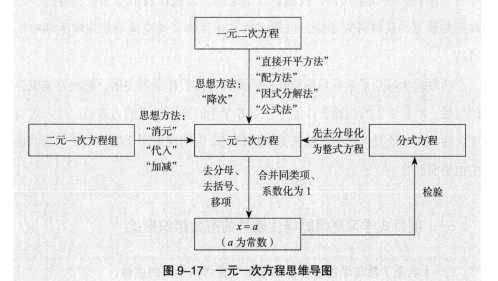

图 9-17　一元一次方程思维导图

第四节　项目式学习

在美国，项目式学习（Project-based-Learning 或 Problem-based-learning）并不是新名词，早在 20 世纪 80 年代，美国就已经开始项目式学习的研究。项目式学习又可以称为"基于问题的学习"，简称 PBL 学习方式。这是以课题为本位的，通过直接同伙伴一起指向现实的问题解决，借以发展学习者的种种素质的一种学习方式。[1] 这种学习方式是照顾学生差异、促进每个学生都能在原有水平上发展的有效途径。

项目式学习是教学的一种形式，在这种教学中，学生产生的问题驱动学校数学课程的编制和教学时间的分配。其核心在于挑战性主题的设计和提出，这个挑战性主题必须来源于真实世界里的真实问题，为了解决这个问题，需要学习者运用相关的数学知识、技能、数学思想、方法以及数学思维，经过一段时间的研究，获得研究结论，进而实现将项目研究结论应用到现实生活中的目的。

项目式学习除了学界耳熟能详的需要具备挑战性学习主题、解决真实世界的问题、培养学生的沟通合作能力、培养学生的高阶思维能力和吸引学习者高度关注并积极地投入等基本特征外，项目式学习对现有课堂教学相关因素的影响也是深远的。

一、项目式学习是照顾学生差异的有效组织形式

（一）实现了教与学的逆转，倡导学习者作为学习的主体

项目式学习与抛锚式学习的典型区别就是问题提出的主导者是谁的问题。

---

[1] 钟启泉."问题学习"：新世纪的学习方式 [J]. 中国教育学刊，2016（9）：31-35.

在项目式学习中，虽然项目式学习能在不同的学段开展，教师和学生的参与程度也不同，但学生是项目学习的主导者，教师是项目的引导者、支援者这一根本性要求并没有改变。在传统的授受制课堂上，教师的角色是确保教学内容能够覆盖课程标准的全部要求和每一个学生，但在项目式学习方式中，挑战性学习主题和最终达成的目标基本上由学习者自身决定，并且这一方式随着年级的升高，学生的自主性会越来越强。在小学阶段，教师对挑战性问题的设计、项目要达成的目标等参与的程度和深度比较多一些，在初中阶段，教师的参与程度相较于小学来说要弱一些，等到了高中，问题的提出、目标的设计及项目的执行都是学生主导，教师的作用就是一个引导者、支援者。

参与项目的学习者在教师的引导下，凭借自身的经验和技能，要全身心地投入到解决某个问题的方案制作中。积极地寻求没有标准答案的问题探究活动，把问题学习作为"我的学习"，产生有意义的学习经验，使学生的学习观从知识是教师传递的认知主义的接受式学习观，转型为知识是每一个人自身同伙伴协作建构的建构主义的能动的学习观。[1]美国明尼苏达州一所开展项目式学习的中学里，覆盖国家数学核心标准的内容、覆盖每一个学生都是学生应该承担的责任。诚如这所高中的学生们自己所说，他们每一个人都有责任在他们所从事的各种项目中制定新的项目课程标准，并确保国家核心课程标准内容的覆盖面。这一事实本身就为探索基于项目式学习提供了重要的理论依据。事实上，这是 21 世纪职场的一项关键技能，也就是说，根据现实中的问题，转化为项目任务，再综合考虑所有结构要素制定详细执行方案，这个方案包括总目标、分目标、措施、步骤以及时间节点等。虽然不是所有的项目式学习都能体现这样的优势，但是明尼苏达州这所高中无疑是项目式学习的典型代表。

---

[1]　钟启泉."问题学习"：新世纪的学习方式 [J]. 中国教育学刊，2016（9）：31-35.

（二）跨越多个教学单元，实现课程或学科的整合

项目式学习的另外一个典型特征就是推动学校对多个学科的课程进行重新组合。美国的项目式学习在重点覆盖国家数学核心标准的基础上，重点关注反映现实世界的真实问题，这些大多数是结构不良的问题，所以解决这样的问题需要调动学生的综合能力和综合知识，这样的应用模式完全取代了传统的课程结构和教学单元结构，那种由优秀的教师根据单元教学结构独自设计的项目并非项目式学习的典型特征。

简而言之，单一的学科或者教材中的单一的、静态的知识单元已经不能满足解决这些问题的需要，解决它们需要跨越多个教学单元或者多个课程或学科，它们最大的特点是整体性和系统性。也就是说能够引发学生高度关注、积极投入的项目式学习所体现的数学概念、定理及规则等在组织上是整体的、系统的、结构化的。所运用的知识、技能不仅仅是横向的各个学科的综合运用，也可能是某一学科纵向的、历时的学习单元的整合。

项目式学习可以说是在三种情况下进行的，即学生主导的项目表现出：①取代课程结构；②在一个课程内替换教学单元结构；③跨越多个教学单元、课程或学科。❶

（三）突破传统教学时间的整齐划一，实现教学时间的重要调整或重组

项目式学习随内容的不同所需探究的时间也是不同的。这就涉及教学时间的重大调整甚至重新组合。事实上，各种各样的 PBL 项目可能会完全取代传统的教学时间，而且由于每个项目的复杂程度不一，所需要的时间也会长短不一，所以在教学中，如何兼顾项目式学习的时间与传统授受制教学时间的冲突也是项目研究者需要认真考虑的重要内容。

---

❶ WILLIAM N B. Differentiating Math Instruction，K-8：Common Core Mathematics in the 21st Century Classroom [M]. Corwin，2013：91.

在项目式学习中，数学教学时间取决于学生研究的项目或者解决的问题的难易程度，而不像现在的教学体制，教学时间由教材的单元结构、课程结构和生成的作业来决定，并且这样的教学时间一旦确定，基本上全校、全年级都相同，没有任何差异性。由于项目的学习方式需要花费相当多的时间来完成，所以学习内容和学习时间相较于传统教学而言都需要彻底重组。

项目式学习还有很多的重要特征值得论述，比如挑战性问题的设计，输出的产品形式，团队协作精神，提供脚手架，探究与创新，注重调查的过程、反馈和修订，提供反思的机会和平台以及尊重学生的发言权和选择权等，由于这些特征在其他的研究中都有所涉猎，在此就不多做赘述。

无论是哪些特征，对于项目式学习来说，"问题的情景设计"是项目顺利实施、吸引学生高度参与的关键。维特莱认为好的问题应该包括以下特点：不止一种答案或解法；有趣，能吸引人的注意力，持久的关注力；让不同的学习者都有所贡献；使用多媒体，包括视觉、听觉或触觉；需要不同的技巧和行为；具有挑战性。❶

（四）数学概念理解在项目式学习中的深化

学生自主探究，有助于发展更深层次的概念洞察力和数学在现实环境中的应用。弗赖登塔尔反复强调：理解是数学教育之价值所在，数学学习离不开"再创造"，"接受—建构—探究"式教学应成为数学概念理解性教学之主要模式，学生自主探究式学习是数学概念理解之方式与任务。❷学生的"主动探究"和"再创造"是外部操作与内部的思维活动相统一的过程，强化概念图式的形成，达到对数学概念之彻底理解，是数学概念理解的重要途径。这里的"再创

❶ WHEATLEY G. Constructivist perspectives on Science and Mathematical Learning [J]. Science Education，1991，75（1）：9-21.

❷ 弗赖登塔尔. 作为教育任务的数学 [M]. 陈吕平，等，编译. 上海：上海教育出版社，1995：29.

造"并非要求学生机械地重复数学历史中的"原始创造",而是应该在具体的问题环境中,学生根据原有的知识经验,运用自己的思维方式,重新建构和创造符合自己特性的数学概念理解图式。

弹性时间促进概念理解的深化。解决真实问题是项目式学习与传统学习方式最大的区别,学习者在解决真实问题时可以跨越时间和时空的限制,真正地浸入项目探究,而不必受条块化的教学时间框架束缚。

二、教师如何在项目式学习中实施概念教学

(一)视概念的类型与复杂程度决定教学模式

数、理、化概念可以分为两类,对于从现实生活中抽象出来的概念,比如化学中元素的名称和性质、数学中的图形、自然数等以及物理学科中的声、光、电等概念需要教师和学生在课堂中,通过对话、交流、观察现象等获得。而对复杂的概念则可以通过项目式学习获得深刻理解,从而促进不同水平的学生能够获得不同的理解。比如项目式学习中最著名的"我们盖房子吧",这个项目中的"比例尺"概念,可以通过提出三个问题来解决。问题一是"如果一张桌子在现实生活中长为100cm,在图纸中的长为50cm,那么使用什么比例尺?比例因子是多少?"问题二是"如果房间尺寸为4m×6m,比例尺为1cm=2m,那么在图纸中的房间尺寸应该是多少?"问题三是"如果我们有一个尺寸为5.5cm×4.4cm的房间比例图,比例尺是1cm=3m,房间的实际尺寸是多少?"

在"我们盖房子"这个项目研究的大背景下,教师和学生不可能像传统讲授式的课堂一样,针对"比例尺"这个概念进行充分的交流和沟通,这就需要传统的教学模式来将比例尺中涉及的其他更细化的概念进行讲解,比如,比例尺的三种表示方法"数字式、线段式和文字式"需要通过师生一起探讨和交流

的方式习得。

所以，在数理化等理科的概念教学中，传统教学模式与项目式学习相互补充，概念的学习才能既全面又深化。

（二）跨学科组织与实施项目式学习对概念的应用更有效

国内外的研究都表明，项目式学习是一种跨学科领域的学习方式，尤其是对数理化学科的项目式学习来说，跨学科学习更有益于相关领域概念的深刻理解与应用。谢尔盖耶夫（Sergeyev）将项目式学习分为两类，一类是以"逻辑严谨"著称的数学、物理、化学等理科教学，他认为在这些学科中，项目活动的实现最好以跨学科项目的形式进行。在谈到第二类学科时，谢尔盖耶夫写道："以能力（信息、交际等）形成为重点的教学科目不仅允许而且要求在学校和学生的课外活动中采用基于项目的方法。"他将信息学、生态学、经济学和其他一些人文主义学科称为此类学科。由此可见，要提高对数、理、化相关概念的深刻理解和学习的深度，必须将某一学科与其他学科，特别是与自然科学学科相结合。❶

首先，项目式学习情境下的教师应该对学科概念有深刻的理解，使他们能够指导学生在各种问题情境中应用知识。学科概念理解不深刻、学科知识少的教师在项目式学习情境下可能会导致学生的失败。没有对学科概念的深入理解，教师既不会选择适当的任务来培养学生解决问题的策略，也不会策划适当的项目开展探究活动。

其次，项目式学习情境下的教师要掌握通识知识。教师的知识阅历越丰富，对项目式学习的开展越有利，对学情的理解越准确，策划出来的项目就会越贴近学生学习需求。学科内项目式学习，要基于学科课程标准、教学内容和学生已有经验来整体规划，要考虑是否涵盖了学科核心知识、承载学科思想方

---

❶ SERGEYEV I S. How to organize school students' project-based activity [M]. Moscow：ARKTI，2006：10.

法，厘清内在的逻辑关系。跨学科项目要基于不同阶段学生发展核心素养的目标，链接学生身边的实际问题、社会热点事件，也可以是工农业生产、经济生活议题等，要求真实、可操作。

最后，项目式学习情境下的教师发展更广泛的教学技能也很重要。实施项目教学的教师不仅要向学生提供学科概念、知识，而且要知道如何使学生参与解决问题和将知识应用于新情况的过程中。

（三）随机访问教学有助于学习者反复建构、深度理解概念

项目式学习的终极学习目标是学会概念、知识、技能的迁移，学习者在解决真实问题的过程中，对问题的分析以及解决问题需要运用哪些数学概念、定理或者符号，都需要学习者周密思考、反复考量、分析判断概念的适切性，这样的思维"过滤"历程，如果不能深入理解概念的本质和适用的情景，是不能作出正确判断的。换而言之，即使最初对概念本质和适用情景不熟悉，导致问题研究被迫停止，学习者也会回到问题研究的原点，反反复复地折腾着，这正是问题学习所隐含的重要的学习精髓。[1] 通过彷徨、徘徊，判断、抉择，经过"山重水复疑无路，柳暗花明又一村"的艰苦抉择，再次理解概念的内涵，重新预判和制定新的执行方案，经过反复的理解、修正，对概念的内涵与外延才能得到进一步升华。正如皮瑞和基伦（Pirie & Kieren）提出的"超回归"数学理解模型所述，数学理解分初步了解、产生表象、形成表象、关注性质、形式化、观察评述、组织结构及发明创造八个水平，学习者在对概念进行理解时，并不是按照线性、递归的序列排列的，而是一个不断折回、不断反复的认知过程。所以数学概念理解也是遵循这样一个动态的、分水平的、非线性发展的、反反复复的建构过程。[2]

---

❶ 钟启泉 . "问题学习"：新世纪的学习方式 [J]. 中国教育学刊，2016（9）：31-35.

❷ 鲍建生，周超 . 数学学习的心理基础与过程 [M]. 上海：上海教育出版社，2016：130.

（四）培养学习者元认知技能提高对概念教学的认知

元认知技能是指学生对自己在学习过程中的认知过程进行反思、监控和调整的能力。在项目式学习中，元认知技能对于学生来说具有至关重要的地位。它可以帮助学生更好地理解自己的学习方式，发现并弥补学习过程中的不足，从而提高学习效果。元认知技能是学生取得概念学习成功的必要条件。

但从我国目前教学的现实发展来看，大多数学生在正式开展项目式学习体验时，并没有具备充分的元认知技能。所以，为了保障项目式学习效果，需要在学习者正式进入项目式学习前，对他们进行适当的元认知技能的培训。

目前国际上对学习者元认知技能的形成和培养有多种方式，比如通过让学习者参加"学习对话"来培养他们的元认知技能。"学习对话"的组成方式有多种，比如可以由一组学生和一名教师组合以获得如何解决复杂问题的指导，也可以定期安排所有同一年级的学生完成一项简单的项目，在完成项目过程中通过完成一份"元记录"备忘录，记录学生对学习过程的反思、对学习质量的判断以及基于这些判断作出的调整性变化。

（五）通过持续性评价与反馈不断地促进学生对概念的认识

设计项目式学习评价工具。项目式学习的评价内容、评价方式与常规评价有本质差别。从过程来看，要评价学生学习的投入程度，包括专注度、参与的深度和广度；从合作来看，要评价学生小组内分工、合作的水平，以及对团队的贡献程度；从结果来看，要评价学生阶段性收获、成果和继续学习的愿望。学习过程决定实际获得，过程性评价是项目式学习的主要评价方式。项目式学习中，产品的表征、反馈和修改、给予不断的反思机会及尊重学生的发言权和选择权是其主要特征。对学习者概念理解的评价即可以在上述的几个环节充分地表现出来。无论是哪种形式的项目式学习，对学习效果的反馈与修正是必不可少的环节。反馈可以基于教师或同伴的输入，但大多数 PBL 项目中同伴反馈比教师的反馈要多一些。当反馈的结果提供给个别学习者或团队时，他们会相应地作出修改，这其实是持续性评价的一个环节。

学习者在修改的过程中也伴随着自我的反思，通过亲身体验、动手操作、批判建构，提高对概念的自我意识和自我反省，再次修正教师或者同伴反馈的结果，从而达到对事物间关系的贯通与领悟，实现了第二次的自我评价。

植根于"做中学"项目式学习，团队的沟通和协作是最重要的表征之一，学习者在与同伴交流的过程中，充分暴露自己对概念的心理表征，把个体或者团队对概念的理解通过语言、图式或者其他形式表述出来，这也是概念理解的评价途径之一。有关这样的评价方式的研究与开发非常活跃，例如，利用概念图、V 形图、思维导图等评价方式进行评价。

学习者通过至少三次的概念表征，获得同伴、教师以及自我的评价，这种螺旋上升的持续评价方式一改传统的考试、测试等刻板、冷冰冰的评价模式，充分尊重学习者的个性发展差异，赋予他们自主的发言权和选择权，深受学习者的青睐。

案例：《分比萨》❶

艾瑞莎、贝丝、卡洛斯和迪诺去比萨店点了三个不同的比萨，他们要分比萨，保证每人吃到的数量是一样的。艾瑞莎不吃海鲜，其他人三种口味都可以吃。

如图 9-18 所示，A 表示艾瑞莎分到的比萨，B 表示贝丝分到的，C 表示卡洛斯分到的，D 表示迪诺分到的。

---

❶ FISHER L. Learning about ftacti0ons from assessment.In A.H.Schoenfeld（Ed.），Assessing mathematical proficiency [J]. New York：Cambridge University Press，2007：195-212. 转引自王兄. 数学教育评价方法 [M]. 上海：上海教育出版社，2018，173-176.

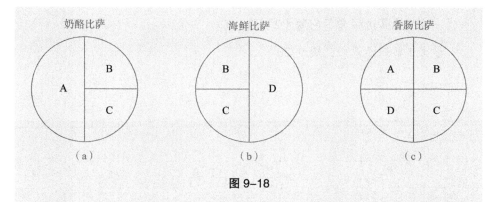

图 9-18

（1）艾瑞莎吃了奶酪比萨的几分之几？吃了香肠比萨的几分之几？她吃了多少比萨？

（2）如果是艾瑞莎、贝丝、卡洛斯、迪诺和埃里卡 5 个人进餐，请在图 9-19 中画出五个人是如何分比萨的。注意，每人分到的数量一样多，而且艾瑞莎不吃海鲜比萨，其他人三种口味都可以吃。

图 9-19

这次，艾瑞莎分到多少比萨？解释说明。

这个任务在大约 11 000 名 5 年级学生中做了一次总结性测试。68% 的学生能够算出问题（1）的答案是 $\frac{1}{2} + \frac{1}{4}$，可是在问题（2）中只有 33% 的学生体现出所需的数学能力。

一些学生是这样回答问题（2）的：

学生1解题示意图见图9-20。

奶酪比萨 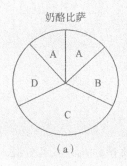   海鲜比萨 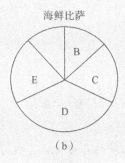   香肠比萨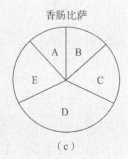

（a）　　　　　　　　　（b）　　　　　　　　　（c）

图9-20

学生1：这次艾瑞莎吃了$\frac{3}{5}$的比萨，因为有5个人，我把每个比萨分

成5份，又因为有3个比萨，从而我知道每人将会分到$\frac{3}{5}$的比萨。

学生1能够清晰表述整体与部分的关系并描述每个人分到的部分，并能很容易处理艾瑞莎不吃海鲜比萨这个限制条件。

学生2通过把每个比萨分成10份同样也解决了这个任务。

学生2解题示意图见图9-21。

学生2：艾瑞莎吃了$\frac{6}{10}$的比萨。每个比萨被分成了10份，总共有30份，每人分得6份。

学生3写道："$\frac{1}{2}+\frac{1}{5}=\frac{7}{10}$"。虽然没有给出解释说明，但这个答案是

正确的，尽管如此，深入分析学生所提供的答案很重要。

学生3解题示意图见图9-22。

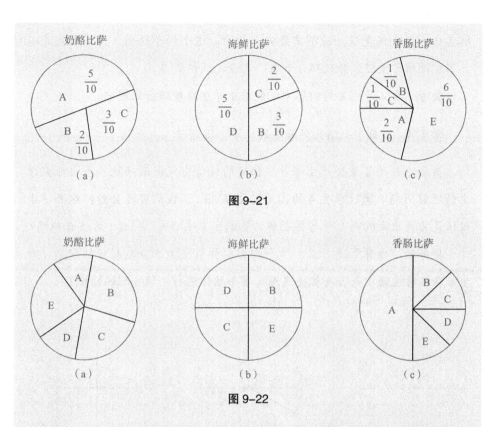

图 9-21

图 9-22

　　这里，这个学生的答案说明他不知道分母相同的分数单位应该一样大。奶酪比萨中的 A 并不是 $\frac{1}{5}$，学生 3 并不能很好地处理艾瑞莎不吃海鲜比萨这个限制条件。他似乎也没有发现艾瑞莎、卡洛斯和迪诺分到的并不一样多，A 和 C 都得到一半的比萨加上另一块。C 的一半比萨是 $\frac{1}{4}$ 奶酪比萨和 $\frac{1}{4}$ 海鲜比萨，A 的一半比萨是香肠比萨。但是他们得到的一块并不一样大：A 得到的看上去是 $\frac{1}{6}$ 的奶酪比萨，C 得到的大约是 $\frac{1}{8}$ 的香肠比萨，D 得到的更少。学生 3 的做法体现了：形如 $\frac{1}{n}$ 的分数表示将一个物体分成 n 份，取其中一份，但是这 n 份不需要完全相等。这个例子说明，计算结果正确并不能说明学生理解分数部分和每一部分之间的关系。

教师只要从学生 4 的回答中就能看出学生在理解上的漏洞。

学生 4：我数了奶酪比萨和香肠比萨，得到了 $\frac{3}{5}$。

虽然这样的答案会产生误导，但好的评价会促使教师进一步去探究学生的理解问题。通过学生 4 的图（见图 9-23），我们可能会想：这个学生仅仅是靠数出来的吗？他怎样理解"艾瑞莎不吃海鲜"？这个方法正确吗？这个任务的"整体"是什么？这个回答同样引发关于分数经历的问题：学生 4 在日常生活中是否有机会遇到将多个物体进行平均分配的情境？

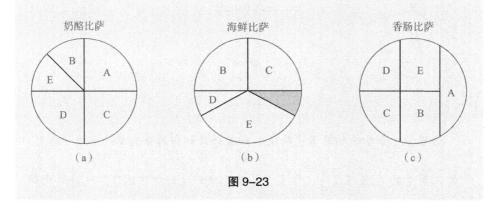

图 9-23

评价说明教师有必要仔细检查跨年级的学习情况。如果我们发现三年级出现的迷思，五年级还有，这说明我们的教学以及教学材料有问题。教材中的表达能否帮助学生发展所需的观念？不同的表达是否对学生有帮助？

三、新授课与复习课的 PBL 教学模式

新授课的 PBL 教学模式重点在于对数学概念的深入理解，以及数学定理

及其应用等，复习课的 PBL 教学模式重点在数学概念、数学定理等在具体情境中的应用。因此，新授课的 PBL 模式需要教师将教学内容情境化，以情境问题为导向，引导学生去参与、去思考，培养学生的合作探究能力，充分挖掘知识本质，培养学生思维的教学模式。复习课的 PBL 模式需要教师跨越单元或学科的界限，在现实情境中挖掘数学问题，引导学生解决实际生活中的真实问题，培养学生发现问题、分析问题以及解决问题的能力，进一步加深数学概念和相关定理、原理的理解。本节以"三位数乘以两位数"和"平面直角坐标系及点在坐标中的平移"为例，分别构建基于 PBL 教学模式的数学新授课、复习课课堂结构。

（一）基于 PBL 教学模式的数学新授课教学案例

传统模式的数学新授课主要以教师讲、学生听为主，缺乏主动性和对知识的自主建构，忽视新知识发现的过程，以接受间接经验为主，这与新课程标准提倡的过程性学习、重视直接经验的获得相背离。新授课的 PBL 学习主要是以学生发现和提出问题作为目标，将分析和解决问题作为必要途径和手段，重在让学生亲身参与新知识发现的过程，发挥学生的主动性、积极性，在合作、探索的过程中去发现新知识，从而更深刻地理解知识的内在属性、更好地建构个体的知识结构，促进学生数学思维的发展。新授课的 PBL 教学模式如图 9-24 所示。

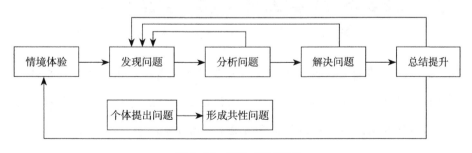

图 9-24　PBL 学习模式

在教学中把新知识渗透到具体的情境中，以情境中的问题解决为需要，促使学生原有知识与新知识发生认知冲突，由此激发学生获取新知识和探索新事物的兴趣，进而产生疑问，经过个体的自我思考和思索，转化为可以讨论的问题。在教师引导下，个体提出的问题经过小组交流、梳理，形成小组需要解决的几个共性问题，再由小组共性问题汇总成全班问题。通常情况下，全班形成的共性问题总会紧紧围绕所教内容的难点和重点问题。

案例：北京市海淀区定慧里小学北师大版教材《卫星运行时间——三位数乘两位数的竖式计算》课例

北京市海淀区定慧里小学王老师在执教北师大版教材《卫星运行时间——三位数乘两位数的竖式计算》一课时，尝试借助"问题提出"引领学习的形式，帮助学生理解。上课伊始，针对教育情境，王老师鼓励学生提出难易程度不等的问题，接下来提出有挑战性的任务：请尝试多种方法计算 114×21。学生使用巧算、列竖式、列表格以及先将两位数拆成一位数与一位数相乘，再乘以三位数等方法（见图9-25）。

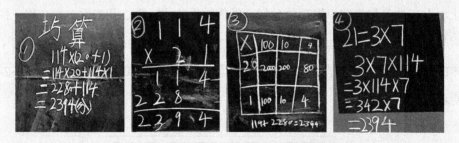

图9-25　学生计算三位数乘以两位数的方法

在学生对多种计算方法有了深入理解后，王老师提出了"观察几种计算方法，为了更好地理解这些方法，请你提出值得继续思考的数学问题"，学生经过小组交流后，提出了以下问题（见图9-26）。

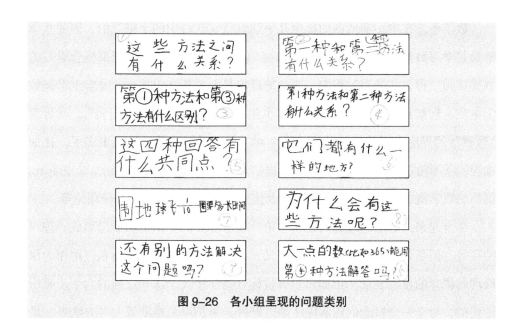

图 9-26 各小组呈现的问题类别

王老师引导学生对小组提出的问题进行归类，主要聚焦于对几种方法间的联系进行深入的讨论，进而为后续自主迁移奠定基础。同时，激发学生学习的主动性，主动思考关注多种方法的本质。

值得关注的是，在分析问题、解决问题以及总结提升阶段都有可能产生新的问题，新产生的问题再遵循分析问题、解决问题和总结提升这样的程序进行新一轮的学习。

（二）基于 PBL 教学模式的数学复习课教学案例

复习课的主要任务是对某一阶段（一单元、一学期或更长时间）的知识进行巩固、加深，在回顾已学知识的基础上进一步总结提高，并能达到综合运用已学知识的目的。核心概念是复习课中重点关注的主要内容，一个核心概念可能包括若干知识团，这些知识团在知识体系中可能是环环相扣的，也可能在必要的时候适当嵌入其他知识团。

数学概念在中小学所占的比例几乎达到数学学科中的半壁江山，因此数学概念是学习数学总也绕不过去的"门槛"。了解、理解以及运用是概念学习的重要认知过程，在这个过程中，概念的理解是形成概念的核心、是学生掌握数学本质、理解数学意义的重要基础，也是开启数学宝藏的"敲门砖"。学界对"理解"的界定众说纷纭，莫衷一是，对"概念理解"的说法就更多了。比如加涅的学习阶层概念的提出、克劳斯梅尔等人（Klausmeier，Ghatala & Frayer）倡导的数学概念理解的五阶段理论以及皮亚杰的几何概念发展阶段理论等。

综合起来，有概念理解的逻辑理论、概念理解的认识论和概念形成心理学特征等。但是无论哪种理论的概念定义，都将概念的理解、分析和应用作为深层理解概念的重要表征。正如布卢姆目标分类学中关于认知过程的六个步骤所论述的，对于一个概念的理解除了通过解释、举例以及推断等七种方法外，最深层次的概念理解则是在给定的情境中去应用它、分析它、评价它和创造它。所以对概念的深层理解是在解决问题情境中获得的。而 PBL 模式因其解决复杂的甚至结构不良的真实性问题、高投入的积极性、团队的沟通协作和批判创新的高阶思维等特征备受学习者的青睐，成为传统授受制课堂的有益补充。数学概念的深度理解模式与基于项目（问题）的学习方式高度契合，因此 PBL 学习是促进概念深层次理解的重要途径。复习课通过"问题"把新授课的知识点联结形成知识面，系统地回顾、整理已学知识，把已学知识点从新的角度按新的要求进行梳理、组织练习，通过归纳、总结最终达到系统化，让学生在完善认知结构的过程中温故而知新、发展数学思考、领悟思想方法、提升数学素养。复习课的 PBL 教学模式如图 9-27 所示。

在复习旧知时，需要首先确定核心概念，再围绕核心概念，梳理关联知识团。最后根据核心概念的目标要求和内部知识团，发现和挖掘现实生活中的真实情境，真实情境不仅包括该核心概念的运用，也融合各个知识点。接下来的步骤与新授课有类似的研究程序，根据情境提出核心问题或者系列问题链，分析提出的问题，运用相关概念和知识解决问题，进而完成项目的研究和学习，最后进行总结和提升。

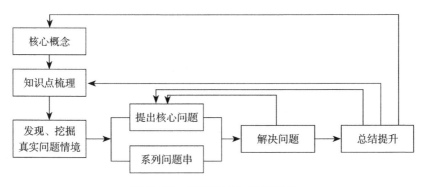

图 9-27 复习课 PBL 教学模式

类似的，在这个过程中，问题可能在情境体验中产生，也可能在解决问题和总结提升环节中产生，进而开始新一轮的 PBL 学习。在总结和提升阶段，需要师生共同回顾项目中运用到的核心概念和关联知识点。

例如，有学者与学校共同开发和研制了"平面直角坐标系及点在坐标中的平移"的项目式学习，就是遵循这样的研究程序进行的。研究团队在确定核心概念后，对其目标要求及内部知识团进行梳理，确定了如下的知识发展序列：有序数对—认识平面直角坐标系—平移的概念及性质—点在直角坐标系中的平移。基于这样的知识序列，结合国庆 70 周年，构思了"阅兵式的队列表演"问题情境，将"设计运动会入场表演方案"作为该课程资源的主题。该项目的初步构想是，在运动会入场表演的过程中，表演方阵首先要排队集合（涉及有序数对和平面直角坐标系的初步知识），其次要在表演区行进（涉及平移知识），最后在描述设计方案时要运用坐标系进行介绍（涉及点在平面直角坐标系中平移的知识）。❶

---

❶ 何声清，慕春霞. 数学项目式课程资源开发的理论与实践 [J]. 中小学教师培训，2017（10）：41-45.

第十章　差异教学评价及在数学教学中的应用

　　教育评价作为改进教育管理和教育实践的工具，一直受到各国政府的高度关注。在几十年的教育改革探索中，我国逐渐形成具有中国特色的教育评价制度。但伴随新时代的到来，从建设与社会主义现代化强国相适应的教育体系的高度来审视和建构符合时代发展特色的教育评价制度，成为当前教育领域亟须解决的关键问题。为此，中央全面深化改革委员会第十四次会议审议通过的《深化新时代教育评价改革总体方案》提出，教育评价事关教育发展方向，要全面贯彻党的教育方针，坚持社会主义办学方向，落实立德树人根本任务，遵循教育规律，针对不同主体和不同学段、不同类型教育特点，改进结果评价，强化过程评价，探索增值评价，健全综合评价，着力破除"五唯"的顽瘴痼疾，建立科学的、符合时代要求的教育评价制度和机制。评价不仅关注结果，更重视过程，不仅关注横向评价机制的形成，更关注纵向、连贯性动态发展性评价制度的建立。2022年，教育部颁布《义务教育课程方案和数学课程标准（2022年版）》中增加了学业质量标准，对学生应当达到的学业成就表现进行了描述，为义务教育学业评价改革明确了方向。

第一节 差异教学评价体系的结构

从一般意义上看，任何评价本质上都是价值判断的过程，教学评价就是评价主体在事实基础上对客体的价值所做的观念性的判断活动。[1]中华人民共和国成立以来，我国形成了具有中国特色的教学评价体系，该系统对我国教育教学的发展起到了很大的推进作用。但是随着教育的发展、学校的现代化、课程改革的转型，传统的教学评价系统也暴露出很多问题。比如出现以工具性追求代替价值追求的倾向，求系统、求全面的形式化倾向，无视群体中存在的个性差异。教与学行为评价的分离，导致评价结果偏离评价对象的本质，教学评价标准缺少情境化设计，未能体现评价的动态发展和变革趋势。

一、重要意义

目前，我国的课堂教学质量评价研究正面临着深度转型，着眼于课堂教学评价改革，对于认定和解释课堂教学事实，发现和反思教学实践中的经验与问题具有战略性意义。

教学评价，作为一种教学观念的价值判断，评价主体持有的价值取向不同，所形成的评价标准就会不同。从目前来看，教学评价的价值取向可以分为社会本位的价值取向和个体本位的价值取向。社会本位的价值取向要求教育教学目标、教育任务必须符合社会的规范，满足社会发展的基本需要，我国传统的课堂教学评价大多属于社会本位的价值取向。个体本位的价值取向主要关注

---

[1] 叶澜.改革课堂教学与课堂教学评价改革——"新基础教育"课堂教学改革的理论与实践探索之三[J].教育研究，2003（8）：42-49.

的是学生精神生命与智慧生命的成长，注重对学生学习能力、态度、情感、实践能力以及学习方法等的综合评价。❶发展性评价和持续性评价属意于此。

以往，社会本位的价值取向占据教学评价的主场，过于关注学生在单位时间内获取知识的多寡、技能技巧的熟练与否，不深入研究学生学习的发生过程及知、情、意等方面的发展变化。统一性、共同性要求有余，个体性、差异性关注不足。随着社会的进步和教育观念的变化，促进学生全面发展的个体本位价值观越来越受到人们的认同。该价值观关注教育场域中"学生"和"教师"作为"完整的人"的存在，倡导"人"的"知、情、意、行"的融合和良好人格的养成。此价值取向注重评价的差异性、发展性、丰富性，但基础性、同一性略显不足。因此，无论是社会本位的价值取向还是个体本位的价值取向，都不能完全代表差异教学评价的价值取向，寻求社会本位与个体本位价值观的融合才是差异教学评价的终极追求，在满足全体学生共性发展的同时，确保每个学生的个性发展。

二、结构要素

差异教学的本质是使所有学生而不是部分学生学会学习，并使他们获得最大限度发展。差异教学在尊重个体差异和秉持使差异的价值最低限度地使每个人的特性得到所有人的尊重和承认的价值观指导下，将教学评价贯穿于教育改革研究与实践的全过程，使课堂教学评价成为差异教学改革的认识深化和实践推进中不可或缺的重要构成，因此需要建构差异教学评价体系。一般情况下，体系包括若干相互联系、相互作用的结构要素。差异教学评价体系是一个综合概念，依据学界的研究现状和现行课堂教学的总体结构来看，学生的学情诊断、认知目标分类、思维结构层次、教学组织形式、情感、态度、价值观及

---

❶ 裴娣娜. 论我国课堂教学质量评价观的重要转换 [J]. 教育研究，2008（1）：17-22.

弹性作业等均是差异教学评价的重要组成部分。进一步概括差异教学评价体系可以分为课前、课中和课后三个重要环节。在差异教学评价准则和要求的指导下，差异教学评价体系结构如图 10-1 所示。

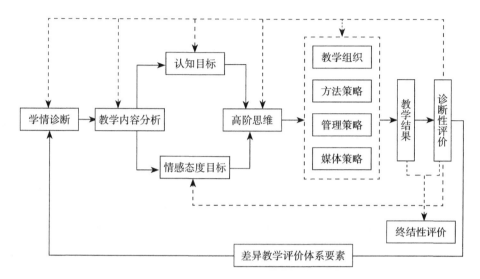

图 10-1　差异教学评价体系要素结构

在此评价体系图中，学情诊断贯穿于整个教学过程，教学内容的分析主要是通过教学设计文本来诊断，通过文本诊断，了解教师对教材内容的理解程度，并在后期的课堂教学中观察和评价教师对教学内容的开发运用情况，两者综合评价，方可诊断出教师对教材、课程标准以及教学材料的掌握、运用、转化水平。体系中，认知目标、高阶思维及情感态度是我国基础教育阶段重点关注的目标，三者是相互联系、互为一体的，评价三者的达成情况，主要运用布卢姆的目标分类法、SOLO 分类法、LPD 学习过程问卷及克拉斯沃尔分层法。而对教学组织形式、教学方法、课堂管理方法及多媒体的运用情况，在差异教学中都有相应的评价工具相对应，对学习效果的检验则运用差异考试、统一考试、多元评价等。在该评价体系中，有一点需要注意，那就是诊断性评价贯穿于整个教学过程，不管是课前、课中还是课后，都有诊断性评价的介入，并在介入过程中，教师和研究者始终利用元认知的理论对整个评价过程进行调控，确保差异教学评价不陷入"唯分数论""唯工具论"的怪圈。

差异教学是基于诊断学基础上的教学，因此学情分析是差异教学的重要特征，学情诊断是教学的起点，也是教学研究的重要生长点。完整的学情分析，需要将学生观作为主要的核心理念贯穿始终。

三、内涵分析

（一）认知目标分类法

在多年理论研究与综合实践的基础上，差异教学借鉴国内外教学评价理论体系和操作方法，对评价学生的显性指标如知识、技能等目标的达成进行相应的研究和探索，并提出差异考试＋多元评价的理念，向学生提供适合他们水平的试卷，对不同的学生提出不同的要求，通过相对评价、增值评价和课堂观察评价等多种方式对个体进行综合评价。差异教学评价不回避当前的考试形式，毕竟针对知识和技能的学习，测试不失为一种检验学习效果的重要手段。但是，在同一班级中，学生的认知差异较大，比如在数学教育界有："七年差距"的说法，所以在实践中，差异教学改革者经常被一线教师叩问："在同一班级中，学生的差距如此之大，但是却用同一考试评价制度来评价他们，是不是有失公允？"差异考试针对班级内知识掌握较好和较弱的学生而设计，意在通过为不同的学生准备不同的测试卷，达成挑战性学习目标，使得每个学生收获成功，取得进步，重拾自信。但是在实际操作中，需要有策略地运用考试评价。

布卢姆的目标分类考试评价标准在教育界备受推崇，然而在提倡关注教学过程的今天，由于该方法更多的是对学习者最后学习水平的分类，而缺少对学习过程的评估，所以国内外学者对布卢姆的目标分类法提出疑问，并提供了相应的解决策略。❶ 因此，基于布卢姆目标分类法的差异考试只是作为评价学生认知目标达成的途径"之一"，而非"唯一"。为了学生更好地发展，还需要采用实作评价、动态评价、变通性评价、卷宗评价、真实评价或者直接评价等多元评价手段来弥补差异考试带来的不足。差异教学评价不仅关注结果，更重视过程评价，不仅有横向评价，也有纵向的连贯性动态发展的评价，从而使评价由封闭走向开放。❷

（二）思维结构层次评价

数学学习如果不能引起学生的高阶思维活动，那么这样的学习即是浅层化、浅表化学习。差异教学关注学生高阶思维的培养和形成，并在实践中运用多种方法评价思维的层次。高阶思维是发生在较高认知水平层次上的心智活动或较高层次的认知能力，❸ 在教育目标分类中表现为分析、综合、评价、创造等较高认知水平层次的能力。❹ 高阶思维由于其内隐性不容易评价和测查，比格斯等人将思维的内隐活动通过外显行为加以判断，提出了 SOLO 分类法。SOLO 分类法是根据"感觉动机、想象、具体符号、形式和后形式"5 种认知发展模式来描述相应的思维类型。又根据问题的抽象程度和题目的复杂程度划分为前结构、单一结构、多元结构、关联结构和扩展结构由低到高的 5 个层次。后来，伯耐特等人在比格斯等人 5 种结构的基础上将多元和关联结构细化，分别加入了 3 个层次，由此 SOLO 分类法的次层次将学生的思维层次分为 9 个水平。

因为 SOLO 分类法关注的是可观察的结果，而不是内部的认知过程。所以

❶ 张春莉 . 布卢姆认知领域教育目标分类学在中国十年的回顾与反思 [J]. 华东师范大学学报（教育科学版），1996（1）：57-70.

❷ 裴娣娜 . 论我国课堂教学质量评价观的重要转换 [J]. 教育研究，2008（1）：17-22.

❸ 张浩，吴秀娟，王静 . 深度学习的目标与评价体系构建 [J]. 中国电化教育，2014（7）：51-55.

❹ 钟志贤 . 面向知识时代的教学设计框架 - 促进学习者发展 [D]. 上海：华东师范大学，2004：85-91.

评价者可以依据 SOLO 分类法的层次描述对学生的思维活动进行评价，并能在短时间内诊断出来。从表 10-1 中，可以看出学生的思维发展水平是从低层次的前结构状态逐渐过渡到最高级的抽象扩展结构状态。在前结构层次，学习者的认知水平较低，对问题难以理解，对如何解决这个问题处于茫然的状态。但是，从单结构到多元结构的转变过程中，学习者的思维发生了量的变化，从单一到多元，从仅提到一个相关的信息到关注多个特征，并能用图表解释阐述每一个关键点。学习者思维从多元结构过渡到关联结构是思维发生质变的过程，关联结构中的高级层次则能对整个章节的主要概念进行综合概括，即思维已开始抽象地活动了，直至能够质疑和评判传统实践或学科概念的具体含义。

表 10-1　SOLO 分类法的次层次

层次	次层次	思维描述
前结构		学生能够参与学习中，但是无法理解学习情境中呈现的问题，如"我不知道""人云亦云"或者呈现毫不相关的信息
单结构		单结构性理解的学生倾向于只理解任务的一个或两个要素，而不是整个任务。在这个层次上，学生可能能够识别和说出一些事情，并遵循他们所学的简单程序。虽然某个主题的某些元素可能会被学生所涵盖，但他们也会错过真正理解该主题所需的许多更重要的部分
多元结构	低级	注意到不止一个与问题相关的特征，但数量和范围是有限的，而且相互之间没有整合也没有建立联系的尝试
	中级	注意到超过 2~3 个与问题相关的特征，尝试建立它们之间的联系，但没有进一步的阐述
	高级	注意到多个与问题相关的特征，并尝试用图解或图表阐述各个特征
关联结构	低级	能够对少数的概念特征建立联系，并能根据有限的内容概括观点或形成图形
	中级	对多个概念、内容进行整合，形成自己的观点，并能用图形表示出来
	高级	能够跨越多个章节，对主要概念、重要内容进行综合概括
扩展抽象		学生对主题有一个复杂的理解，并能将其应用到不同的语境中。能透过现象看到本质，能够创造新的知识，并在多种语境中应用他们所拥有的知识

另一位对思维进行评价的是美国的学者韦伯，他通过思维的对象—知识来

进行设计和研究，提出了 DOK 模型（知识深度）的四个层次。❶

层次 1：回忆。学生回忆信息或再现体现知识、技能的基本任务。这可能涉及简单的处理任务或者规则，学生不需要通过复杂的计算或者思考，他们要么直接说出答案，要么不知道答案。比如通过回忆故事结构的元素和细节，用话语或图来表示概念或关系。

层次 2：技能和概念。这个层次的学生通过比较、对比、描述、解释或转换信息，来综合概括和解释为什么以及如何去解决问题。在这个层次上，学生可能需要推断、估计或组织相关信息。

层次 3：策略思维和拓展思维。在这个层次上，学生需要使用更高阶的思维过程。他们可能会被要求解决现实世界中的问题，预测结果，或者分析一些事情。学生可能需要从多个学科领域获取知识才能找到解决方案。

层次 4：拓展性思考。高阶的思维能力在这个层次上是必不可少的。学生必须运用战略思维来解决这一层次的问题。在韦伯的四个维度中思维逐渐抽象升级，在第四个层次水平的学生需要教师搭建脚手架帮助他们综合、概括和解决问题。

具体到学科思维水平，还可以采用专门的学科评价理论。比如针对数学思维，范希尔将学生的几何思维分为视觉、分析、非形式化的演绎、形式的演绎、严密性五个水平，并对每个水平的行为进行了具体描述。教师通过参照学生行为描述的水平判断学生的几何思维。

（三）小组合作评价

差异教学提倡采用同质分层与异质合作的方式建立学习共同体。异质合作是常态，但在教学中，针对不同层次的学生还需要设计挑战性学习内容，通过学生自选的方式将他们分层，使得班级内水平相似的学生可以经常组成一个学习共同体。学习共同体评价坚持的原则是在关注共同体进步的同时关注个体进

❶ 殷常鸿．"皮亚杰-比格斯"深度学习评价模型构建 [J]．电化教育研究，2019（7）：13-19.

步，所以差异教学关于学习共同体主要有整体评价、弥散评价及样本评价三种途径促进小组成员的共同进步和个性化展示。

整体评价的基本单位是合作小组，评价的重心是共同体内每个成员的共同进步。[1]评价者（教师和学生）协商制定评价标准，并重点强调成员之间的沟通、合作、友爱以及攻坚克难作为评价重点关注的内容。为了鼓励每一位小组成员的积极性，具体的评价内容包括：小组文化的建立情况、小组成员的互帮互助情况、参与情况、活动期间的沟通合作情况、思维的创新性和观点的新颖性、成果的多样性和深刻性，鼓励小组成员发挥特长、展示个性等。整体评价的重要意义在于培养学生团队协作的意识和能力，强调集体荣誉感和成就感。

弥散评价其实就是我们经常说的个体评价，只不过弥散评价强调的是针对不同的学生需要不同的评价方法，评价主体多元、评价内容多样，鉴于此，西方学术界将其称为"弥散型评价"。弥散性评价的典型特征是根据被评价者的变化来评价，无固定的程序、内容及评价者。如针对小组内的一名学生，评价者可以是组内其他同学、授课的教师、学生家长以及学生自己。评价的内容可能是针对该名学生的解题思路、解题方法，也可以针对该名学生的语言表达、动作技能或者与同组成员的合作情况进行全方位或者单点的评价。

样本评价即"小组捆绑式评价"，其评价的基本单位是个体，评价的内容主要是学生对学习内容的掌握情况，具体做法如下：首先，在单元测查时，以随机的方式从学习共同体中选取一名或者两名学生，被选中学生的考试成绩代表全组学习本单元的最后成绩。其次，在这里需要考虑基础较弱同学的感受，教师可以采用差异考试的方式方法，请每个小组编出三套单元测试卷，这三套测试卷难易程度不同，学生自主选择其中一种测试卷，然后各小组要审查被抽

---

[1] 潘洪建. 大班额学习共同体建构策略 [J]. 中国教育学刊，2012（12）：47-52.

到学生的定位是否符合实际（防止定位过低或过高）。最后，老师认同。这种随机选择的样本从概率统计的角度而言，可以反映全班总体样本的情况。这样"捆绑式评价"给予学生很多的自主权，自主命题、自主选择测试、自主定位，极大地调动了全班同学的学习积极性，对问题的思考也更加深刻。为了避免学生出偏题难题，教师要提醒学生：因为是抽签测试，哪个组也不敢确保基础最弱的学生不会被抽到。有了这样的提醒，在这份特殊的作业里，学生不会的题目没有，陷阱太多的题没有，知识联系牵强的题没有，偏怪的题也没有。❶

（四）情感、态度与价值观评价

在课堂教学中，既不能离开过程与方法、情感态度与价值观去求得知识与技能，也不能离开知识与技能去空讲过程与方法、情感态度与价值观的发展。"三维目标"是一个整体，不可分割。❷ 所以对情感、态度、价值观的评价也是差异教学特别关注的内容之一。以往的评价中对情感、态度、价值观的评价主要依靠评价主体的观察、调查等手段，但是没有明确的评价标准。

对学习兴趣、学习动机的调查有时会借助调查问卷辅助观察结果。1987年比格斯及其同事研究出了学习过程问卷 SPQ（Study Process Questionnaire）和 LPQ（Learning Precess Questionnaire），学习过程问卷主要根据元认知理论对中学生和大学生的学习动机及学习策略与方法进行评估，学生的学习被定义为与特定学习动机相关的策略方法，这三种方法分别是表层法、深层法和成就法，该问卷主要包括表层学习动机及其策略、深层学习动机及其策略以及成就动机及其策略 6 个因素。LPQ 问卷适用于初中和高中，SPQ 问卷适用于大学生。

克拉斯沃尔（Krathwohl）与布卢姆（Bloom）的情感领域分类法是所有情

❶ 李宁. 初中数学差异教学的实践研究 [D]. 济南：鲁东大学，2012.

❷ 钟启泉. "三维目标" 论 [J]. 教育研究，2011（9）：62-67.

感分类中最著名的研究。他们将情感领域的教育目标逐级分层，分为逐步内化的 5 个层次：接受、反应、价值评价、组织及价值体系个性化。情感目标分类的前提是情感领域也像认知领域一样，是按照一定层次顺序构造起来的：即每一种行为都是以达到其下属一个类别的行为为先决条件。情感目标实际上是按等级层次排列的连续体。❶ 其具体的 5 个层次及其行为描述见表 10-2。

表 10-2　克拉斯沃尔的情感目标分类 ❷

目标层次	概念描述	典型行为
接受	意识到某些思想、事物或现象的存在，并愿意接受它们当前所处的阶段	接受差异、倾听、反应等
反应	对意识到的思想、事物或现象作出反应	遵守、跟随、赞扬、自愿等
价值评价	评价某些思想、事物或者现象，并能坚持自己的思想，在相关行为上现实坚定性	提高熟练程度，放弃，资助，拥护，辩论
组织	认同新价值，将新价值与已有价值建立联系，并形成一个和谐、内在一致的价值系统	讨论、理论化、表述、平衡、检验
价值体系个性化	形成个体内在的价值观，并在行动中始终如一地执行	修改、提出要求、规避、抵制、自我管理、解决

在情感态度价值观分类系统中，认知过程伴随有情感的投入，低层次的认知阶段学习主体对学习对象仅仅局限在意识到它的存在性，并做出简单的反应，这个情绪状态倾向于消极的适应，而不是积极的改造。而在高层次的认知活动，学习主体能够对学习对象做出积极的反应，能建立概念之间的联系，并在思想和行为上做出改变，甚至形成自己做事的独特风格，对认同的价值愿意付诸行动，坚持如一。

---

❶　克拉斯沃尔，布卢姆，等.教育目标分类学 [M].施良方，等，译.上海：华东师范大学出版社，1989：23.

❷　Krathwol's Affective Domain Taxonomy [EB/OL].（2011-05-11）[2020-05-02]. https：//sites.educ.
ualberta.ca/staff/olenka.bilash/Best%20of%20Bilash/krathwol.html.

第二节 差异教学课堂观察指标体系

在课堂教学中，有"以教为中心"和"以学为中心"两种倾向，但无论是前者还是后者，都是将"教"与"学"割裂开来。实际上，"教"与"学"在真实的教学情境中是分不开的，教学的整体性、复杂性和评价的发展性是优质教学的典型特征。师生在共同的学习情境中"相遇"，并在"相遇"中开展充满生命意蕴的交往活动，是师生生命的、有意义的构成部分，"教"与"学"水乳相融，师生共同发展。所以，差异教学的课堂既关注学生"学"的状态，也关注教师"教"的样态，既关注师生的课前准备、课中的行为表现，又关注课后的反馈与反思。

一、对现行课堂教学评价的反思

我国课堂教学评价研究自 20 世纪 70 年代逐步恢复后，经过长达 50 年的实践探索，在评价思维、评价取向、评价内容、评价方式上逐渐转型，从简单思维转向复杂思维、从工具理性转向价值理性、从简单迈向多维，从单一走向多元。❶

（一）复杂思维指导下的教学评价更加立体化和深刻化

复杂思维指导下的课堂教学，规避了简单线性思维下的课堂教学评价的"五要素说""七要素说"，更倾向于主观和客观、本质和现象、关系和过程在主客体互动的教学活动中是彼此统一的、不可分割的动态整体，教学评价应基

---

❶ 刘志军，徐彬.我国课堂教学评价研究 40 年：回顾与展望 [J].课程·教材·教法，2018（7）：12-20.

于这样的视角来解读和诠释教学的价值、本质与意义。复杂思维视域下，课堂教学评价的视角呈现多元化、立体化和深刻化。哲学视角下的课堂教学评价强调教与学的互动统一、评价者和被评价者之间的平等对话、尊重学生的差异性和综合运用定量和定性研究。建立在认知诊断学、增值评价以及过程评价等理论基础上的课堂教学评价，不再局限于课堂中师生的行为表现，而是建立了评估教师教和学生学的三维立体空间，课前教师的准备、学生的预习，课中教师差异化教学、学生的自主学习，课后教师补救措施和学生个性化评价等。认知心理学根据 SOLO 理论将学生学习的效果和学习行为进行分层，细致地观察和记录学生的学习表现，采取有针对性的指导策略。图式理论显性化学生的思维品质，为评价呈现可见证据。

（二）价值理性的介入使得课堂教学评价回归教育本位

追求价值理性的评价取向是我国课堂教学改革一直遵循的鲜明旨意。不过在实施中，总有人走岔了路，念歪了经，知识论的教育思想和以分数论英雄占据了课堂教学评价的主导；但是随着教育教学的发展，这种工具理性论渐渐式微，探寻课堂教学评价的发展性价值和教育性意义逐渐势起。既关注教师的教、又关注学生学的评价价值观回归现代教育理念和质量观的本位。教学评价的价值和意义在于参与课堂教学的教师和学生所从事的一节课的教学活动满足价值主体需要的程度及状况。[1] 这种评价观体现了以人为本的教育思想，富有饱满的价值理性，透露着丰满的人性思想光辉。教与学作为教学的基本结构要素在评价中互为整体、紧密相连，通过对二者的价值认识和质量监控，实现学习者的发展性，并促进教育发展和教师自身发展，这也是价值理性论负载的教育意义所在。

价值理性的介入，使课堂教学评价回归本真的教育生活，促进师生的生命

---

[1] 刘志军 . 课堂评价论 [M]. 桂林：广西师范大学出版社，2002：18.

成长与人格完善。价值理性除了促进教师专业发展，同时也帮助教师树立正确的教学观念，不再将学生作为单向度的纸片人，而是秉持和弘扬以人的意义、人生的追求、目的、理想、信念、道德，以及人性的终极关怀为皈依的人文精神。教师把课堂教学作为培养人性张扬的主阵地，尊重学生的不同、欣赏学生的差异是课堂教学评价内在发展的必然逻辑选择。❶价值理性是人自身本质的导向，关注的是人的生存意义和价值促进学生全面发展和个性发展。以价值理性为指导的课堂教学评价承认学生的个体差异，尊重学生各方面的发展需求，承认学生在课堂教学中的独立价值，鼓励学生不仅要在知识上获得发展，同时也努力让学生的个性得到张扬，在精神上获得愉悦与恬适，以有限的生命存在追求无限的崇高境界。

（三）评价内容从偏重"知能"单一向度过渡到重视能力素养等多维向度

评价内容主要体现在评价指标体系和评价标准的制定中。目前我国评价指标体系或者标准主要是从教学目标、教学内容、教学手段、教学过程和教学效果等几个要素进行建构❷。内容被狭义化为对教师教的评价和学生学业成绩的评价，而且教学质量的高低、教师教学的好差，最终都是由学生学业成绩所决定，单向度的侧重于物的评价忽略了教学活动中师生情感的投入，无视学生的态度、兴趣、情感和价值观等方面的培养和激发。随着教学评价观的转变，侧重人文视角去观察课堂，注重工具理性评价与价值理性评价，将"器"与"道"有机结合，二者皆指向教育的终极目标，实现教育评价的价值引领。比如，在某些指标上关注了全面发展，比如情感、态度、价值观三维目标、学生学习态度、主动参与情况、分层教学、关注每个学生都获得发展等问题。评价内容不再是对教学要素的静止的观察和评测，而是从静态发展到动态，从对

❶　张晓东. 价值介入与人文改造——超越技术理性的课堂教学评价 [J]. 全球教育展望，2011（1）：50-53.

❷　陈佑清，陶涛. "以学评教"的课堂教学评价指标设计 [J]. 课程·教材·教法，2016（1）：45-52.

"过程"的平面化静态描述发展到"生成"的立体性动态描述，同时更关注价值的主观性社会文化维度，从人文意义和生命价值的视角观照课堂教学，将师生作为有生命的、不断成长中本真和意义的存在个体。❶

随着学生主体地位的提升，课堂教学评价不仅仅考查和研究发生在学生个体内部观念世界中的内隐封闭过程，纯认知过程，考查和研究已经完成了的认知－知识，而且还将教学过程优化所需要的内外部因素、环境和条件均纳入了评价的视野。❷

（四）评价方式从简单的移植走向多元整合

我国的课堂教学评价脱胎于苏联凯洛夫教育学课堂教学五环节，并在此基础上有实质上的超越和创新，评价方法建立在听评课和观课基础上。评价者依赖大量的实践经验，通过对评价对象的直观印象、相关资料的了解和自身观察的方式，依照事先制定好的评价标准对课堂教学进行优劣程度的判断。这种建立在主观经验基础上的评价方法在具体操作中存在随意性、简单化和模糊化等问题，导致评价过程的科学性和评价结果的准确性大打折扣。20 世纪 80 年代中期，我国受教育统计学和教育测量学的影响，定量化的研究方法成为课堂教学评价的主流认识，并逐渐演化为将学生考试测验分数作为唯一标准，强调数量分析，以及强调以严密的数学方法精确地搜集和处理信息资料，以追求结论的客观性。

这种将自然科学研究的范式移植到课堂教学评价中的结果，造成评价只重视结果不关注过程，重视技术轻视人文。社会科学中的定性研究方法弥补了这一缺陷，主张将人文化与实证化评价方式结合，定量评价与定性评价结合，主张采用多种方法搜集教学活动信息，搜集和处理信息的方法，具有立体层次性

---

❶ 范蔚，叶波，徐宇."师生共进"的有效教学评价标准建构 [J]. 教育理论与实践，2013（19）：57-60.

❷ 裴娣娜. 论我国课堂教学质量评价观的重要转换 [J]. 教育研究，2008（1）：17-23.

和全方位性。描述取向的教学评价以倾听与观察、理解与解释、研究与改进为特征，能够有效地弥补量化取向教学评价的不足，从而为课堂教学评价改革提供了另一种可资借鉴的模式。❶

我国现有的评价方式主要有管理人员评价、专家评价、同行评价、学生评价和自我评价，其中以管理人员评价和专家评价最为流行，但是单极化的评价主体消解了教师和学生在课堂教学中多重发展的价值意义。20 世纪 80 年代美国出现了一种叫作"第四代教育评价"的理论，认为教育评价是评价者、被评者，甚至包括雇主几个方面共同"建构"的过程，评价结果是几方面人员所达成的一种"共识"，❷ 多种方式综合起来，相互弥补不足。

二、基本原则

（一）灵活运用师生自我评价

当前，我国教学评价的方式是教师对学生学习行为和学习结果进行评价，行政管理人员或者专家对教师教学行为或者教学效果进行评价。这种评价方式对规范教师教学行为、提高课堂教学质量的提高发挥了重要的促进作用。但是，在这种教学评价模式影响下，实践中出现了"双重脱离"，即评价主体与教学主体的脱离、评价过程与学习过程的脱离。学生作为学习的主体和教师作为教学的主体被排除在评估之外。学生没有对自己的学习进行有效的评估，教师也没有对自己的教学进行科学的评价，导致评价主体的集体缺失。美国差异教学的倡导者汤姆林森等认为，最高效的学习者是元认知类型的。在课堂中，师生均具有学习和反思的特质，学生关注自己的学习方法、制定个人学习目标、定期开展自我评估和自我调整，并采用有效的学习策略。教师对学生的学

❶ 安桂清，李树培. 课堂教学评价：描述取向 [J]. 教育发展研究，2011（2）：48-52.

❷ 史晓燕. 现行课堂教学评价模式评析 [J]. 河北师范大学学报（教育科学版），2000（2）：67-70.

习行为和学习效果进行客观审视，对自己的教学行为和教学效果等诸多问题进行反复关照和评估，对课堂教学事件进行研究与改进并付诸实践，自我评估和他人评估灵活运用，有利于师生掌握自身的学习状况和教学状态，也有利于教师掌握学生的综合状况。

（二）注重课堂教学过程中的形成性评价

形成性评价可以在教学过程中的任一阶段给学生提供反馈和纠正。布卢姆等人曾经用恒温器和寒暑表来类比形成性评价和终结性评价的区别，"课业教程中所进行的平时测验或者测试，就好像是测量室温的寒暑表。寒暑表可能是十分精确的，然而除了记录或测试室温之外，它对室温起不了什么作用。对比之下，恒温器根据与既定标准温度的关系来记录室温，其后随即制定各种改正程序（即打开或者关闭火炉或者空调机），直到室温达到既定的标准温度为止。因此，寒暑表只能提供信息，而恒温器却能提供反馈与各种改正办法，直到室温达到所需要的温度为止"。❶形成性评价是恒温器，是为了改进的评价，它在评判学习有效性的同时对教与学进行及时调整，以确保过程的有效性，促进目标的最终达成，是改善学生学习、促进学生发展的重要手段。

形成性评价实施的策略有很多，如教师的课堂观察、提问、讨论、手势、坐姿以及单元测验、平时测验和当堂检测等。另外，表现性评价、成长记录袋以及认知诊断测验等方法都可以弥补传统评价方式的不足。通过学生的行为表现、学习经历，教师可以了解每个学生是否达到了学习目标或对学习内容的理解和把握水平。教师运用认知心理学上的认知诊断测验，能够更深入地关注学生的学习过程，细致分析学生的认知表现，发现学生在知识状态和认知结构上的差异，从而有针对性地改进教学。

---

❶ 布卢姆，等.教育评价[M].邱渊，等，译.上海：华东师范大学出版社，1981：230，259-260.

（三）关注教学后的增值性差异教学评价

当前，中小学教学质量主要采用统一的测查问卷进行集体评估。但是，对于数学学业成就差距较大的班集体，如果采用"一刀切"的测验方式评价学习困难学生的学习效果是没有意义的。所以，在差异教学中，宜采用增值性评价来增强学困生的学习自信心和检验学习目标达成情况。增值评价剥离学生性别、家庭背景等因素，强调自己与自己比较的结果，是学生在教师的指导下，其能力、知识和水平的"提高值"，增值评价更能体现照顾学生的差异，促进课堂教学上的公平。以往，增值评价主要采取追踪学生在不同时间点上的学业成绩，运用一定的分析方法对学生的学业成绩变化进行分析，其作用在于从过分关注结果到更关注过程，从过分关注条件到更关注培养。但学业成绩的变化仅是数学学习的一部分，并不是数学的全部，因此，除了对学业成绩变化的评价外，增值性评价还包括对学科成绩外（如品德、学习能力、社交能力等不易测量方面）的分析。

使用增值评价需要规避评价中的"天花板效应"问题，也就是对于学习优秀的学生，因增值空间有限而不可能获得较大进步幅度，进而得到较低增值评价结果的现象。国际上对于增值性评价主要有：基于纵向等值分数量表的方法，如增分模型、循成长轨迹渐进模型、等级变化模型；基于回归分析的方法，如残差模型、投射模型、学生成长百分位模型；基于多变量复杂设计模型的方法，如多层次性回归模型。❶ 这些方法都没有解决优秀学生的"天花板效应"问题，所以，为了使优秀的学生获得发展，可以采用提升优秀学生成长天花板高度的方法。具体包括：把数学学科变成探究式学习课堂，比如基于问题的学习、项目式学习以及运用现代信息技术手段让学生体验探究的过程，或者专门开设高阶数学思维能力发展课程。

---

❶ 杨志明，彭丽仪，李洋.增值评价中的天花板效应及其破解思路 [J].教育测量与评价,2020（12）：3-7.

（四）综合使用结果性差异教学评价

增值评价中不仅存在"天花板效应"问题，也存在"地板效应"问题，对于学习较差的学生，无论如何努力也很难达到优秀学生达到的高度，就像一个喜欢打篮球的"矮个子"，无论他如何努力都不能达到姚明那样的身高。在打篮球这个项目上，"矮个子"的身高成为其无法突破的地板。对于这样的学生，差异教学提出了"扬优补差"策略，也就是矮个子需要根据自身的实际情况，选择适合的体育项目，比如"体操"项目，就能发挥"矮个子"身高的优势，"篮球"仅作为兴趣爱好。同样，在物理、数学、英语、生物等学科的学习上也存在这样的"矮个子"，不如另辟蹊径，发现并发挥自己优势潜能，设法利用长处获得自身的生存与发展机会。"不拘一格降人才"即是对这类人才的选拔和任用，也就是在评价上，灵活运用综合评价的结果。

我国现在提倡创新人才培养机制，国外高校给学业一般但身怀某种"绝技"的学生预留大量招生指标，就比较好地解决了学科成绩后进生升值空间有限的问题。所以，为了使更多学生获得发展和进步，应该考虑对学生不同方面进行评价，不单单局限在"学生学业成绩"维度，当然也不能把学生多个维度的表现成绩合成某个总分来实施综合评价或增值评价，因为不同性质的指标合成一个总分比进步的做法，就像把人的身高、体重、心跳次数合成一个总分一样荒唐。❶

三、基本思路

评价活动的终极目标在于谋求教师的专业发展和学生学习能力与人格品质的养成。传统的纸笔测试不能评测出学生学习能力的提升情况。因此，在新型的教学评价中，最为重要的是，可以通过教师和学生的行为表现和作品，观察

---

❶ 杨志明，彭丽仪，李洋.增值评价中的天花板效应及其破解思路[J].教育测量与评价,2020（12）：3-7.

到作为教学有效和深度学习证据的种种成绩。而"表现性评价关注的就是学生知道什么和能做什么，通过客观测验以外的行动、作品、表演、展示、操作、写作等更真实的表现来展示学生口头表达能力、文字表达能力、思维能力、创造能力、实践能力及学习成果与过程的测验"。❶ 其假设是表现性评价能促进教与学的过程，并能提高学生的学习。大量的证据表明，表现性评价更适合检测高水平的、复杂的思维能力，且更有可能促进这些能力的获得；同时能支持更具诊断性的教学实践，促进课程与教学。❷ 所以，差异教学课堂观察评价指标需要明确三点，一是评价指向学生的发展，二是评价更应该发挥改进功能，三是学习者内隐的水平和素养，需要通过外显的行为与表现来测查。

　　建立在该理论框架下的差异教学课堂观察评价指标体系设计的基本思路或假设是：教师引导的行为能够引起和促进学生学习行为的发生，并通过观察教师的行为和学生的行为来评估学生学习的成效。因为，学习行为与学习的效果或质量之间存在直接的相关性和对应性。学生学习行为的表现或状态是决定学生学习与发展效果的直接控制变量，教师的教导行为只有通过作用于学习行为才能影响学生学习和发展的质量或效果。即：引导行为—学习行为—学习与发展的效果。❸ 如何判断教师的引导行为对学生的学习是有效的？这是课堂观察评价的基本出发点，差异教学评价提倡通过"可视化"的教师行为和学生学习行为，来谋求学生的学业与能力素养的提高。而这种可视化的实施，可以借助以下两种方式显示出来：一是基于深度把握儿童学习的实践反思与改进；借助学习档案、作业作品等学习评价的方式加以确认与佐证。❹ 二是对学情的深度把握所采取的针对性教学。

❶ 吴维宁. 新课程学生学业评价的理论与实践 [M]. 广州：广东教育出版社，2004：]72.

❷ 周文叶. 促进深度学习的表现性评价研究与实践 [J]. 全球教育展望，2019（10）：85-95.

❸ 陈佑清. 论有效教学的分析模型 [J]. 课程·教材·教法，2012（11）：3-9..

❹ 钟启泉. 发挥"档案袋评价"的价值与能量 [J]. 中国教育学刊，2021（8）：67-71.

四、一级指标的设计

随着课程改革的深入推进，尊重学生的个体差异，满足学生的学习需要，促进每个学生充分发展的差异化教学已经走到课程改革的前列。"差异教学的核心思想是将学生个别差异视为教学的组成要素，教学从学生不同的准备水平、兴趣和风格出发来设计差异化的教学内容、过程与结果，最终促进所有学生在原有水平上得到应有的发展。"❶ 在照顾学生差异的课堂，教师对学生的情况不再处于模糊混沌的状态，而是要像医生一样接受"临床面接"的实践和训练，熟练地掌握病源调查、心理测量、教育测查及"面接"技术（包括对学生的观察了解等）。❷ 所以，从教师教学的角度进行观察，可从学情的测查、起点的优化、挑战性目标的设定、教学内容的调整、教学方法的多样性、大面积及时反馈以及弹性作业的设定七个方面作为观察的一级指标。

（一）学情测查的评价

授课前，教师必须清楚学生的教育背景、学习状态、可能的难点，并采取系列调查手段进行诊断和测查，厘清问题，这就是教育学意义上的学情分析。近几年，学情分析越来越受到教育理论者和教育实践者的高度重视，行为的转变反映的是教师思想上的转变，我国基础教育阶段正在经历"以教为中心"向"以学为中心"的深刻变革。学情分析秉持的核心理念是以学生的全面发展作为基本出发点，既要有体现学生全面发展的宽度，有体现学生成长的教育影响痕迹、因果互询的"长度"，也要有体现现象、成因、意义层级关系的"厚度"，内容是丰富而立体多维的。❸微观视域下，学情内容主要聚焦于学习者的初始能力和学习动机上，

❶ TOMLINSON C A. 多元能力课堂中的差异教学 [M]. 刘颂，译. 北京：中国轻工业出版社，2003：2-3.

❷ 姜智，华国栋. "差异教学"实质刍议 [J]. 中国教育学刊，2004（4）：52-55.

❸ 燕学敏. 学情分析的意义、问题与对策研究 [J]. 内蒙古师范大学学报（教育科学版），2020（5）：109-113.

根据学情的具体内容可以采用"分型辨症，对症下药"法进行分析，综合考虑学情的过去状态、现在状态、可能状态和未来状态的历史逻辑和因果互证。❶

（二）优化教学起点的评价

认知心理学研究表明，学生在获取知识、理解和表达所学内容方面均存在依据学生自身准备状态做出选择的现象，这必然要求教育为他们提供适合其状态的教学。这就需要针对学生的认知准备状态，优化教学起点。

按照"掌握学习"的理论，只要给学生提供必要的认知前提行为、积极的情感前提特性，并接受高质量的教学，那么学习成绩之间的离差就将缩小到10%，或者说90%以上的学生都能取得优秀成绩。传统教学产生的学习差距，往往是因为这些学生在学习新知识前就不在同一起跑线上。❷优化教学起点，教师需要考虑教材内容的逻辑起点、学生的现实起点和可能起点。意指教师在处理教材时，教学内容所反映的水平只是预设学生应当掌握的程度，并不代表学生真实的学习状态和可能的学习状态。教师不能把教材作为教学起点的唯一依据，还要充分考虑学生的发展状态，并从学生的现在状态与潜在状态两个方面把握；不能仅仅对教材作知识层面的理解与把握，而要从育人价值的高度，充分解读教学内容所蕴含的丰富育人价值，"从单一地传递教科书上呈现的现成知识，转为培养能在当代社会中实现主动、健康发展的一代新人"，"学科、书本知识在课堂教学中是'育人'的资源与手段，服务于'育人'这一根本目的。"❸

（三）挑战性学习目标的评价

差异教学并非假借学生间的差异，按照学生的接受能力降低标准，实施传

---

❶ 耿岁民.中学数学课堂教学学情分析的理论与实践研究 [D].西安：陕西师范大学，2011.

❷ 华国栋.差异教学论 [M].北京：教育科学出版社，2010：157.

❸ 叶澜.重建课堂教学的价值观 [J].教育研究，2002（5）：3-16.

统意义上的照顾优才、放弃差生的淘汰制分化教育，而是坚持"导优补差"的原则，即发掘学生优势，给每个学生提供处于学生"最近发展区"且学生乐意接受的具有挑战意义的学习内容。[1]教师设计的学习目标要对每一位学生都有挑战性，即学生都以较高水平的思维进行学习，学习内容有深度和广度，并能得到必要的教学指导。教师依据学生的认知水平和学习兴趣，结合课程标准的教学目标、单元目标、教学内容以及学情，在知识技能、过程与方法、情感态度和价值观等方面，设计所有学生都应该达成的挑战性学习目标，学生学习需求的差异导致教师设计的学习目标必须有一定的梯度。在基本目标的基础上，对学习优秀的学生可以设计更有深度的学习目标，并且对于基本的重要的学习目标，即使学习困难的学生完成有难度，也不能随便降低目标的底线要求，而是提供更多的支持和帮助，帮助他们达成。对学习困难学生的目标，不能仅停留在知道、了解和识记的层面，还需要有引发思维深度的思考和训练。保底不封顶是对挑战性学习目标的基本要求。

（四）开放可选择的教学内容评价

美国学者古德莱德将课程划分为"观念层次的课程、社会层次的课程、学校层次的课程、教学层次的课程与体验层次的课程"五个层次。[2]课程改革的过程即是这五个层次课程的转换过程，如果用"文本"的概念来分析教学内容的创生过程，上述五层次的课程转换过程即经历了从理想文本到生成文本一系列的多次转换、多层过滤：从理想的文本转换到法定的文本，从法定的文本转换到校定的文本，再由校定文本转换到师定文本，最后又转换到生定文本。在第二个层面，法定文本转换到校定文本的过程中，即是学校根据学生的情况设计灵活多样、层次各异的教学内容供学生选择，表现形式主要有主修与选修课

❶ 姜智，华国栋."差异教学"实质刍议 [J].中国教育学刊，2004（4）：52-55.

❷ 张华.课程与教学论 [M].上海：上海教育出版社，2000：191.

程的设置，学校课程资源中心的提供等。在从校定文本到师定文本的转换中，教师要在全面、深度、系统解读教材的基础上，了解学生的认知基础、认知障碍点以及认知的生长点，通过顺序的调整、内容的重组、材料的补充以及删除等手段调整教学内容。

（五）多样化教学方法的评价

多样化教学方法是教师根据教学内容、教学情境和教学对象的不同特点，采取灵活的教学方法。教学方法是沟通教材和学生之间很好的桥梁，简单而普遍的教学涉及八种方法：讲授教学、任务教学、相互教学、同伴互助、小组合作、个别化方案、指导发现、问题解决。❶多样的教学方法有助于教师保持良好的课堂教学环境和气氛，调动和维持学生的积极性，以保证教学的有效性。另外，由于学生的认知风格不一样，教师可以利用影视音乐、图片、画像以及肢体动作、面部表情等调动学生的视觉、听觉、动觉以及触觉等多种感官，深化对学习内容的理解。

（六）大面积及时反馈与多元评价

在课堂教学评价中，教师是最主要的反馈者，他们对反馈的正确把握，有效实施，无疑是构建合理反馈体系的最有力保障。依据玛格利特·赫里蒂奇设计的评价环模型，学习过程评价程序为"明确学习进程—描述学习目标—提出成功标准—获取学习证据—解释证据—诊断差距—给予反馈—教学调整—搭建支架—缩小差距"❷。实质上，学习过程的生成性和内在性决定了学习过程评价不仅仅是作出价值判断，更重要的是能够实现以"反馈"创生教学，引导教师

---

❶ 顾明远. 教育大辞典 [M]. 上海：上海教育出版社，1998：134.

❷ Heritage Margaret, Formative Assessment: Making it Happen in the Classroom（Thousand Oaks：Corwin Press 2010）. 转引自吴虑. 大数据支持下学习评价的价值逻辑 [J]. 清华大学教育研究，2019（1）：15-18.

进行"循证型教学决策"，引发教学由预设走向生成；同时能够以"反馈"生发学习，引导学生进行个性化学习，提升学习效能。

（七）设计多样作业的评价

作业是教学不可或缺的重要环节，发挥着承教启学的重要作用。学者吴也显将教学内容划分为课题系统、图像系统和作业系统三个部分，并强调"作业系统如果安排得好，对学生自学能力和实践能力的培养有很大的促进作用，同时也利于教师改进教学方法。""如果能将全部教材的作业统筹安排、贯穿于课内外的教学活动中，则不仅能增加教材的引导作用和实践的功能，还可以活跃课内外的教学，改变学生在学习上的形式主义倾向。"❶

目前关于作业有三种不同的认识，一种是基于凯洛夫教学认识论基础之上的文本性作业观，另一种是基于杜威实验主义基础之上的活动作业观，另外一种则是多元价值糅合下的新型作业观。其中，新型作业观强调知识的探究与体验式学习，凸显知识的内在价值，关注人的全面发展和生命价值，以学生身心的自由、和谐与全面发展为作业的终极目标。推崇作业生成性、多元化，彰显创意化，打破工厂化的课堂管理和大一统的作业评价方式，尊重个性差异，最大限度满足学生个性化学习需要。❷

教师主动适应学生差异的教学行为贯穿课前（教学设计）、课中（教学设计）、课后（教学评价）整个教学过程，上一节课的教学起点是下一节课的教学终点，而终点也是起点，周而复始，形成一个闭环的循环过程。一级指标包括精准学情测查、优化教学起点、挑战性学习目标、教育情境的导入、选择性教学内容、多样化教学方法、反馈与多元评价、弹性作业的设计。

差异数学课堂评价一级指标见表10-3。

---

❶ 吴也显.教学论新编 [M].北京：教育科学出版社，1991：301.

❷ 张济州.中小学作业观：特点、问题与走向 [J].课程·教材·教法，2013（7）：25-30.

表 10-3　差异教学课堂评价一级指标

教学环节	一级指标维度
教学设计	精准学情测查
	优化教学起点
	挑战性学习目标
教学实施	教育情境的导入
	选择性教学内容
	多样化教学方法
	反馈与多元评价
教学评价	弹性作业的设计

五、二级指标的设计

（一）教师课前所采取的教学行为

对学生初始技能的测查常常采用纸笔预测。为准确确定学生是否具备学习新内容所应该掌握的知识与技能，通常的做法是在新旧内容之间确定一个学习起点，以"起点"作为衡量标准，"起点"之下的知识与技能作为预备技能，并根据"起点"编制测试问卷，测查学生对预备技能的掌握情况。通过复习、自主收集资料、生活经验、实践、导学案对认知前提准备进行测查，能够了解学生的预备技能、以往的生活经验。学习过程不仅仅是认知过程，情感态度也影响学习过程，因此其本身也是教育目标之一，情感态度存在客观差异，教师在对学生情感态度进行调查时，主要通过谈话、聊天以及客观观察等方式。

为了优化教学起点，教师需要采取"布置复习相关旧知或预习""有针对性指导课前或课初的自学""发现学生自学中的问题与差异，确定教学关键问题""设计认知冲突，创设良好情感氛围"等行动，来协助学生执行或者完成相应的行为，这四个行动高度凝练了教师"对教材结构、内容的深度理解""对学生认知准备、情感动机的深刻洞察""对学生存在问题的敏锐感知"，进而设计出导学案（单）、自学案（单）或者类似具有这样功能的学习单，帮助学生"复习或预习，人人具备新知学习需要的基础""提出自学中的问题"，或者开展学习方法的培训和讨论，让每个学生"掌握适合自己的自学方法"，设计有意义的教育情境或者有价值的问题，使"每个学生都认识学习的意义，积极性高"。

教师通过观察学生的行为表现，结合学生的作品，以及导学案、自学案的完成情况，对学生予以适时的指导。比如教师在讲解三年级"多位数减法"的时候，首先要对学生一年级学习过的"两位数减一位数的退位减法"内容提前预习和巩固。人民教育出版社一年级数学下册的例题"36-8"，教材呈现了"连减法"和"数重组再减"两种算法，第二种算法是退位减法的基本算法，是学习"多位数减法"的基础，也就是先拆开三捆小棒中的一捆后，与6根合成16根，再从16根里边拿走8根，这一过程都是先把36重组为20与16，然后计算"16-8"。接着，教师在"布置复习相关旧知或预习"时，要将这部分内容纳入到导学案或者自学案中，并通过学生的演算，掌握学生对"数重组再减"算理的掌握情况。最终，对于班级内没能掌握这种算理的个别同学，"有针对性指导课前或课初的自学"就显得非常重要而且必要了，通过翻转课堂、微课或者面对面辅导的形式，为他们做好认知铺垫。但是，如果在复习这部分知识时，发现班级内绝大多数学生都没有掌握和理解，教师就要对这节课的重难点进行调整，确定本节课的关键问题。

优化教学起点，不仅需要教师为学生即将学习的新任务做好认知铺垫，而且还需要做好心理铺垫，也就是要激发学生迫切要学习的积极性，需要教师制造认知冲突，引发学生产生想探究的心理需求。仍以"两位数减一位数退位减法"为例，教师可先出示学生以前学过的"36-4=□"的算式和小棒图，请同学们结合算式和图说清算理，再出示例题"36-8=□"，通过"6减8不够减，怎么办？"引发学生的认知冲突，产生探究"退位"减法的强烈需求。

　　制定适合每个学生的挑战性学习目标是实施有效教学的前提，每个学生在适合自己的差异性需要、具有挑战性的学习目标指引下的学习，都是对自己已有水平的挑战与跨越。如何将教师的教学目标内化为适合自己的挑战性目标，并随着教学进度不断调整目标，需要师生共同研究和探讨。

　　比如，有的教师在授课时，将目标进行了分层，分成 A、B、C 层（A 层自我评价在 85~100 分，B 层自我评价在 70~84 分，C 层自我评价在 70 分以下），每个层次又设置三个层次（A 层又细分为 85~90 分为 A1，91~95 分为 A2，96~100 分为 A3；B、C 层依此类推，数字越大，目标越有挑战性），A 层学生则是以数学知识的延伸学习为主，可以让学生尝试解决一些复杂的问题；B 层则是以加强学生的逻辑能力为主，加深数学基础知识学习，将数学基础打牢固；C 层则是以掌握数学公式及概念为出发点，根据掌握程度再进行目标的建立，其主要教学目标需要更加强调激发学生的学习兴趣。在课前，教师鼓励学生自主选择，为自己在这节课设置一个学习目标，学习的任务也分为三个层次，每个层次都有相应的评价分值，在整个教学过程中，教师都鼓励学生不断地挑战自己，力争在本节课结束后，达到或者超越自己在课初设定的学习目标。

（二）教师课中的行为表现

　　对教学内容的组织与安排是教师照顾学生差异的具体体现，评价者在观察教师这方面做的情况如何时，通常需要关注教师有没有以下行为："科学安排教学内容，使之更具开放性和挑战性"；"依据学生差异安排可选择的学习任务"；"重点关键内容教学充分"；"给困难学生提供支架式材料和服务"。比如有的教师在讲解"全等三角形判定定理"时，设计了"公司需要对生产出的三角形架进行全等检验，你认为是逐一检查三条边、三个角都相等还是可以找到一个更优化的方法？

　　这个教学内容是经过深思熟虑精心设计的，既具有一定的开放性，也具有一定的挑战性，对于学生来说，首先想到的是测量一个数据可不可以？如果不可以，至少需要测量几个数据才能判断三角形全等的问题。为此，教师安排了三个活动：活动一是让学生通过画图或者举例说明，只量一个数据是不能判断两个三角形全等的。活动二是如果测量两个数据是否能够判断两个三角形全等，分小组讨论，分析有边边、边角、角角几种情况，允许学生举反例说明，也可以通过画图说明。活动三是在两个条件不能判定的基础上，需要再添加一个条件，先让学生讨论分几种情况，教师再启发学生有序思考，避免漏解。

三个任务逐层递进，"活动一"处于学生的最近发展区，并且小组内成员可以选择自己喜欢承担的任务进行验证——"学生选择适合自己的学习内容"。例如，有的学生喜欢用画图来说明一条边或者一个角是不能判断两个三角形是全等的。还有的学生喜欢用自己使用过的三角尺来进行说明，只有一条边或者一个角相等的两个三角形是不一定全等的。在"活动二"中，更是照顾到不同学生的差异，喜欢测量的同学，可以使用测量方法，喜欢画图的同学可以画图说明只具备两个条件，无论是"边边""边角"还是"角角"都不能验证两个三角形全等。"任务三"具有一定的挑战性，添加的条件应该具备哪些特征，才能证明全等呢？学生在"活动三"中，可以根据自己的理解添加条件，并且需要陈述清楚添加的理由。

这节课最关键的问题是"再添加一个什么条件，两个三角形就能全等"。学生在教师的引导下展开充分讨论，经过讨论得出以下结论：第一种情况是当两个三角形中有两条边都相等，再添加的条件分两种：一种是添加一条边，这个很好验证，另一种是添加一个角，这个角是选择两条相等边的夹角还是两条边的邻角？第二种情况是当两个三角形中有一条边和一个角分别相等时，再添加的条件如果不与第一种情况重复，只要再添加一个角相等，添加的角也分两种：一种是两角夹一边，另一种是两角加上其中一个角的对边。第三种情况是当两个三角形中有两个角相等时，再添加的条件与前两种不同时，即再加上一个角相等。所以教师在这个关键点上，让学生充分讨论，并且设计三个问题，为理解困难的学生做好脚手架，并借助小组合作"让学生在问题中探究，寻找全等成立的条件，在合作交流中将问题升华。"

差异教学遵循教学民主、学生主体性的原则构建课堂教学，这就要求教师能够根据教学主题的不同，灵活采用多种教学方法策略，科学合理安置学生、运用多种教学手段多元弹性管理，确保学生可以根据学习内容的难易、速度、习惯来选择全班学习、小组学习、个别学习，或是课前、课中、课后个别化辅导学习。多样化教学方法中比较常用的就是小组合作方法，评价者在观察时，不仅要观察在异质小组合作时，教师对异质小组的指导是否有效，是否做到了面上兼顾，同时也照顾到班级内学习困难的学生；还要观察教师是否在某些关键点或者难点处进行了同质分层。通过小组合作，通过教师的个别指导，使得每个学生都能得到有效指导。通过同质分层，使得优秀的学生有获得提升的机会。

常态课中，教师获取教学反馈信息的来源主要基于学生的反应和教师个体的观察和切身感受。反馈信息可以通过以下途径获知：①课堂中学生的反应。这个反应既能通过语言表达出来，也能通过行为或者表情表达，如回答问题的正确率，举手表示懂或者不懂，或者对理解的内容表情愉悦，对不懂的地方噘嘴或者蹙眉等微表情。②学生的书面练习。教师通过观察和批阅学生的课堂小练习或者课堂小测试的结果，判断学生是否全部掌握或者部分掌握。③学生以书面或口头形式提出的对课堂教学内容的疑问，由课堂教学引发的问题与思考，或者对教师教学方式的质疑与期待等也都是及时反馈的有效方式。

无论是收集和听取学生的反馈信息，抑或教师个体对其教学实践与教学假定的批判与反思，归根结底在于对课堂教学实践的进一步改善。具体而言，教师可根据反馈信息的不同方式采取不同的处理方式。通过回答问题、举手、微表情或者书面练习等方式反馈学生学习新内容的理解程度，对大多数同学都不太理解的关键内容要逐一突破，分步骤拆开来讲解或者重新再讲一遍。对个别学生不会的地方，要借助小组合作的力量或者"小先生"的力量各个击破，从而保证每个学生对新学习的内容都能掌握和理解，缩小差距。对于学生在课堂中就教学内容所产生的疑惑与问题，教师可以进行即时性的处理与解答。对于学生所提出的、教师一时难以解答的问题或难以认同的建议，教师可以在课后通过网络等媒体以间接互动的方式与学生进行持续的信息交流与思想沟通，以便二者达成共识。

（三）通过作业设计评价教师的教学

观察教师的作业安排，主要从作业设计、作业布置、作业批改、作业讲评和作业反馈等几个环节进行评估。指标体系中，作业要基于课程标准和教学目标进行设计，这也是对当前我国作业设计一直以教材为中心的重要改革。

教师对作业的设计理念和布置方式可以通过学生的行为体现出来，指标中主要设计几个观察点，一是观察学生的学习主动性和自我知识体系建构能力。比如，学生是否能够主动把所学知识与生活、生产实际联系起来；是否能够用自己的语言清晰解释定义、公式、定理和结论；是否能够主动建立新旧知识之间的联系；是否能够应用标识、图表、概念图等方法整理教材、笔记、习题等学习资料，帮助自己整理知识框架等。二是观察学生的教材、笔记、习题、思维导图作业、口述作业、学科实践任务等载体。

六、差异教学课堂观察评价表

基于上述设计思路，构建差异教学课堂观察指标体系见表10-4：此评价指标体系包含教师行为和相应的学生行为，有8个一级指标和28个具体可观察的二级指标。应用此评价指标体系，基本上能全面评价教师教导行为的总体表现及课堂教学的实际效果。

表 10-4　差异教学优质课评估量表

一级指标	教师行为	学生行为
精准学情测查	收集、阐释、运用各类数据评测学生的学业水平	参与教师的问卷调查，对自己的学习风格、学业水平和兴趣爱好以及学习需求有自我认知
	识别学生的学习需求和当前的学业表现水平	实事求是地作答教师发放的练习或者小测验
	通过谈话了解学生的生活经验和兴趣爱好	向教师陈述自己的学习需求、兴趣爱好
优化教学起点	布置复习相关旧知或预习	复习或预习，人人具备新知学习需要的基础
	帮助学生做好从事新学习任务所具备的情感准备	学生在学习任务 1 时获得满足感，受到学习成功的激励，具备自信心，在情感方面为学习任务 2 做好准备
	有针对性指导课前或课初的自学	掌握适合自己的自学方法
	发现学生自学中的问题与差异，确定教学关键问题	提出自学中的问题
	设计认知冲突，创设良好情感氛围	每个学生都认识学习的意义，积极性高
民主和谐的学习氛围	创设情境激发学生的学习动机	学生积极参与学习，并全身心投入到学习活动中
	教师提出的问题引发学生深度思考，并创设和谐民主的学习环境	学生思维活跃，积极思考，主动质疑，主动建构
	教师培养学生积极的情感，正确的人生观与价值观	学生情感体验愉悦，在学会知识的同时，也学会了做人
挑战性学习目标	目标有梯度，保底不封顶	每个学生有适合自己的挑战性目标
	三维目标表述规范，可操作	理解目标并内化为学习目标
	教学目标随教学实际动态生成	学习目标动态生成，不断挑战自我
选择性教学内容	科学安排教学内容，使其更具开放性和挑战性	可选择的内容处于每个学生的最近发展区
	依据学生差异安排可选择的学习任务	学生选择适合自己的学习内容
	重点关键内容教学充分	自主探究重点关键内容，积极探讨
	给困难学生提供支架式材料和服务	学习困难学生得到老师、同学们的帮助
多样化教学方法	使用小组合作、同伴互助、任务驱动和问题解决以及讲授式等多样化教学方法	学习方法适合个人学习风格
	教学方法具有启发性，调动学生积极的思维	每个学生积极自主探究，积极思考

一级指标	教师行为	学生行为
多样化教学方法	给学生自主学习的机会，并提供有针对性的学法指导	优化各自的学习方法，学会学习
交往与合作	面上兼顾与个别指导相结合	每个学生得到有效指导
	组织异质合作，共享差异资源	学生有效参与，以优带差，人人达标
	适当安排同质合作，促进学生最大限度发展	优等生有相互合作提高的机会
反馈与多元评价	及时的、大面积的教学评价	学生获得有效反馈与指导
	反馈后对课堂教学及时调整	学生自我反馈，相互反馈，自我调节
	多元评价，因人而异，客观公正	每个学生得到公正的评价与鼓励
差异作业	作业确保课标基本要求	完成课标要求的作业，正确率高
	作业有弹性，可选择	学生选择适合的作业，并高质量完成
	重视实践作业，提高问题解决的能力	自主作业，内容、形式拓展创新
	作业形式多样	笔记、习题、思维导图作业、口述作业、学科实践任务

案例：杭州觅实学校一年级数学"数与代数"课堂学生表现评价表

课堂表现分为倾听、发言、同桌合作三个部分，根据每个部分对应的内容设置相应的评价等级。①倾听分为三个等级，包括专注、一般、需要努力。专注，要求坐姿端正，能跟上老师的思路，没有其他小动作，不讲空话，不插嘴。一般，要求坐姿较端正，基本能跟上思路，有一些小动作，但不妨碍课堂。需要努力，则是坐姿不端正，跟不上思路，小动作较多，易插话，扰乱课堂。②发言，包括积极，偶尔积极和不发言。积极，指举手次数多，回答问题质量高。偶尔积极，指举手比较积极，发言质量一般。不发言，则是从不举手。③同桌合作，包括善于表达，会表达，较安静。善于表达，要求在合作中处于主导者的角度，会安排合作中的一些事情。会表达，要求参与合作，积极配合。较安静，则是不太善于合作，在合作中比较拘束。项目总评2项及以上优秀，且没有合格即为优秀；2项及以上合格，且没有优秀为合格；其余情况为良好。"数与代数"课堂表现评价表见表10-5。

表10-5 "数与代数"课堂表现评价

评价项目	评价细则	评价等级	项目总评
课堂表现	倾听	A.专注 B.一般 C.需要努力	优秀 良好 合格
	发言	A.积极 B.偶尔发言 C.不发言	优秀 良好 合格
	同桌合作	A.善于表达 B.会表达 C.较安静	优秀 良好 合格
	总评	优秀 良好 合格	

第三节 数学教学的差异评价

数学教学中，多元评价是照顾学生数学差异的重要手段之一。《课标2002》强调"探索激励学习和改进教学的评价"，要求评价不仅要关注学生数学学习结果，还要关注学生数学学习过程，激励学生学习，改进教师教学。通过学业质量标准的构建，融合"四基""四能"和核心素养的主要表现，形成阶段性评价的主要依据，采用多元评价主体和多样的评价方式，鼓励学生自我监控学习的过程和结果。❶目前，数学教学中常用的评价方法是笔试。但随着时代的进步，教育研究者也研究出了一些新的评价工具，创造了新的评价模型，以便更好地促进数学教学设计和学生的数学学习。在促进教学设计上，主要讨论表现性评价量表的构建和应用，在促进数学学习上，主要讨论形成性评价和自我评价。

---

❶ 中华人民共和国教育部.义务教育数学课程标准（2022年版）[M].北京：北京师范大学出版社，2022：3-4.

一、数学学业质量表现性评价

《义务教育课程方案（2022年版）》和《课标2022》中增加了"学业质量"，为义务教育阶段学业评价改革提供了依据。

（一）数学学业评价应知识与素养并重

《课标2022》提出的学业质量标准主要从知识、情境、情感态度三个方面来评估学生数学核心素养的达成及发展情况，这为义务教育阶段数学学业评价的改革提供了三个突破点。①以结构化数学知识主题为载体，在形成与发展"四基"的过程中所形成的抽象能力、推理能力、运算能力、几何直观和空间观念等。②从学生熟悉的生活与社会环境，以及符合学生认知发展规律的数学与科技情境中，在经历"用数学的眼光发现和提出问题，用数学的思维与数学语言分析和解决问题"的过程中形成模型观念、数据观念、应用意识和创新意识等。③学生经历数学的学习运用、实践探索活动的经验积累，逐步产生对数学的好奇心、求知欲，以及对数学学习的兴趣和自信心，初步养成独立思考、探究质疑、合作交流等学习习惯，初步形成自我反思的意识。

与以往的测评不同，核心素养导向下的测试不再仅仅考查学生对孤立知识点的简单记忆，也不再基于重复训练获得的认知技能，而是关注对整体结构化的数学知识，以及对通性通法的理解、掌握和运用。测试可以用来考查学生能否熟练运用数学基本思想方法，以及是否积累了数学基本活动经验并形成了一定的数学直观。❶

学业评价在设置问题情境时，应从与学生联系密切的生活情境和社会情

---

❶ 何雅涵，曹一鸣.基于学业质量标准的义务教育数学学业评价改革[J].课程·教材·教法，2023（6）：107-111.

境，以及符合学生认知发展的数学情境和科学情境中选取素材。通过不同问题情境的设置，关注学生经历，用数学的眼光发现和提出情境中的问题，并用数学的思维和语言分析、解决问题的过程后所形成的模型观念、应用意识等数学核心素养。❶数学学业质量的评价不仅局限于数学知识，还聚焦学生的核心素养。基于此，本研究根据布卢姆目标分类理论、PISA 模型以及 SOLO 理论构建中小学数学学业质量表现性评价表。

（二）布卢姆的教育目标分类理论

美国教育心理学家布卢姆团队将认知、情感和动作技能三大领域学习目标运用分类学的方法进行分类，每一领域的学习目标又被从低水平到高水平分为不同的层次。在认知领域，从知识的类型与学生的认知过程水平两个维度对教学目标进行分类，认知过程从低级到高级分为记忆、理解、应用、分析、评价和创造六个层次水平，并对每个层次水平进行了详细的解释，进而形成了指导评估学生学习水平的认知水平框架，见表 10-6 及表 10-7。❷

表 10-6　布卢姆认知过程分类

知识维度	认知过程维度					
	记忆	理解	应用	分析	评价	创造
事实性知识						
概念性知识						
程序性知识						
元认知知识						

---

❶ 曹一鸣，王立东，何雅涵．义务教育数学考试评价与教学实施：基于《义务教育数学课程标准（2022 年版）》的学业质量解读 [J]．教师教育学报，2022（3）：97-103．

❷ 刘树仁．小学教学论 [M]．北京：人民教育出版社，2003：52-53．

表 10-7　认知领域的层次分析

认知过程评价	具体解释
记忆	能够回忆、复述先前学习过的材料
理解	能领会学习材料的定义，可借助转换、解释、推断这三种形式来表征
应用	能将习得的学习材料用于新的问题情境
分析	能将整体材料分解成它的构成成分并理解组织结构
评价	能够对材料作出价值判断
创造	能将部分材料组成新的整体、产生新的模式和结构

在情感领域，布卢姆认为其中心是价值（态度）、兴趣与欣赏，依据价值内化（指由外部学习行为转化为个人内在的价值、兴趣等心理特质）的程度，由低到高分为五级，具体见表 10-8。[1]

表 10-8　情感领域的层次分析

情感层级	具体解释
接受	学生愿意注意特殊的现象或刺激
反应	学生主动参与，包括默认、愿意反应以及反应的满足
价值化	学生将特殊的对象、现象或行为与一定的价值标准相联系
组织	将许多不同的价值标准组合在一起，建立内在一致的价值体系
价值体系的性格化	个人能长期使自身行为保持一致，发展出性格化"生活方式"的价值体系

在动作技能领域，主要针对实验操作技能、解决问题的技能等，可划分为知觉、模仿、机械动作、准确、连贯、适应与创新。

布卢姆的学习评价模型具有一些明显的特点：其一，将学习评价分为 3 个领域，3 个领域相对独立，有各自的水平划分标准。值得注意的是，布卢姆的学习评价理论，并不只是考查学生掌握知识的情况，在比较高的水平阶段，考查的本质是知识学习之后形成的能力。其二，对于认知领域的评价，基本上是

---

[1]　刘树仁.小学教学论 [M].北京：人民教育出版社，2003：52-53.

对知识学习不同结果的评价，即围绕知识学习开展的。对于情感领域的评价，是针对非智力因素开展的，对评价目标进行了清晰的划分，使两个目标指向明确，具有实践层面的可操作性。

（三）PISA 模型

PISA 是由经济合作与发展组织策划并组织的项目，其测评内容和测评框架都是基于"素养"这一概念提出来的。PISA 将"素养"定义为：学生运用所学知识和技能，有效进行分析、推理、交流，在各种情境中解决和解释问题的能力。❶2012 年，PISA 给出的数学素养模型包括 3 个维度架构：一是情境维度即问题情境，指 15 岁学生可能面临的各种问题，具体包括个人生活的、职业的、社会性的、科学性的 4 种情境。二是内容维度即数学内容知识，包括变化和关系、空间和图形、数量、不确定性 4 大领域内容。三是过程维度即 3 种数学过程（表述、运用、评估）和 7 种数学基本能力（交流，数学化，表述，推理和论证，设计问题解决策略，运用符号的、正式的、技术的语言和运算，使用数学工具）。❷

PISA 模型的特点表现为：第一，以考查学生的基本素养为指向，所测评的"素养"并不局限于学校常规课程，而是取自更广泛的知识和技能领域。换言之，PISA 不是一种以知识为取向的评价，而是以素养为取向的评价。第二，问题设置在情境中。个人情境与学生个人的日常活动直接相关；教育或职业的情境出现在学生的学校生活或工作环境中；社会情境要求学生更广泛地观察周边环境的某些方面；科学情境更加抽象，可能会涉及了解一个技术过程、理论情境或明确的数学问题。❸

---

❶ OECD2004. Learning for Tomorrow's World First Results from PISA2003 [EB/OL] // http：//www.pisa. oecd.org.

❷ 綦春霞，周慧 . 基于 PISA2012 数学素养测试分析框架的例题分析与思考 [J]. 教育科学研究，2015（10）：46.

❸ 喻平 . 数学核心素养评价的一个框架 [J]. 数学教育学报，2017（10）：19-23.

（四）SOLO 理论

SOLO 是"观察到的学习结果的结构"，将对学生思维发展水平的评价聚焦特定学习任务的完成，依据能力、思维操作、一致性与收敛性、回答结构四个方面，由低到高将学生在解决问题时所表现出的思维发展水平分为五个层次，后来又有学者将这五个水平进一步细分为九个层次，使得分类更加准确，详细分类见表 10-1。SOLO 分类理论从纵向认知水平的变化判断学习者的思维发展水平，它关注学生在现实问题解决的过程中表现出的"实然"的思维结构，对学业质量进行质性评价，能够更为精准地诊断学习结果，并促进学生的深度学习。

（五）数学评价的框架

《课标 2022》将"会用数学的眼光观察现实世界，会用数学的思维思考现实世界，会用数学的语言表达现实世界"（以下简称"三会"）作为学生的数学核心素养。评价学生的数学核心素养是数学学业评价的重要目标，但直接将核心素养作为测量目标来进行评价，在操作和实施上存在诸多困难，因此还需要将核心素养细化为不同学段的数学表现。《课标 2022》中小学数学核心素养为数感、量感、符号意识、运算能力、几何直观、空间观念、推理意识、数据意识、模型意识、应用意识和创新意识。初中核心素养表现为抽象能力、运算能力、几何直观、空间观念、推理能力、数据观念、模型观念、应用意识和创新意识。"三会"不仅是数学核心素养的内涵表达，而且在数学教学中有明确的数学思想或者方法与之相呼应。

实际上，在注重培养学生自主学习能力和问题解决能力的今天，"三会"一直贯穿数学教学始终。在授课时，教师总是创设一个问题情境，引导学生先用数学的眼光观察一下，提出有价值的数学问题。再引导学生用数学的思维思考、解决这个问题，最后用数学的语言表达解决问题的过程和方法。因此可以将"三会"作为评价学生提出问题、分析问题和解决问题的三大维度。根据布卢姆目标分类理论、PISA 和 SOLO 理论，评价的过程不仅评价学生的知识、技能等显性指标，而且还要评价学生某一阶段的数学情感、数学态度和价值观等隐性指标的动态变化情况。

数学核心素养在中小学数学中有众多的表现形式，要做出每个核心素养的评价框架是一个宏大的工程，受篇幅所限，本书仅以小学运算能力作为案例进行研究。《课标 2022》将运算能力定义为"能够根据法则和运算律，正确地进行运算的能力。"培养运算能力有助于学生理解运算的算理，寻求合理简捷的运算途径解决问题。

林崇德教授将学生运算能力进行了三个层次的划分（见表 10-9）。❶

表 10-9　数学运算能力的水平层次划分

水平	层次	具体要求
水平一	了解与理解	初步理解运算的含义，能对运算法则和运算规律有合理的认识。即学生知道问题是什么，问题的结果是怎么来的
水平二	掌握应用	学生在了解与理解的基础上，还需要经历动手操作与练习，将数学运算变成一种技能，能解决常见的数学问题
水平三	综合评价	学生掌握一种算法后，需要针对同一问题采用不同的运算方法，还可以判断哪种方法更加合理、简便

该水平划分具体可以总结为：理解、应用和选择三个步骤，三个水平是层层递进的，前面水平是后面水平的基础。

喻平将数学运算素养划分为知识理解、知识迁移、知识创新三个水平（见表 10-10）。❷

❶　林崇德. 中学能力发展与培养 [M]. 北京：北京教育出版社，1992：56.
❷　喻平. 数学核心素养评价的一个框架 [J]. 数学教育学报，2017，26（2）：19-23.

表 10-10　数学运算素养评价框架

	知识理解（一级水平）	知识迁移（二级水平）	知识创新（三级水平）
具体表现	明确概念的内涵、外延，形成概念体系，掌握运算的基本技能	能够将知识运用到不同情境中，能够判断其准确性和有效性	能够灵活运用知识，形成数学思维，解决非常规性问题，具有较高的推理能力和探索问题的能力

运算能力可以分为运算意义、算理理解、运算法则、运算应用 4 个方面，但是运算的语言以及运算情感态度也是运算能力的一种体现，因此从评价的角度上，从"三会"的维度上可以将运算能力划分为 3 个水平，每个水平包含上述运算能力的 6 大要素（见表 10-11）。

表 10-11　小学生运算能力的水平划分

水平	行为表现
水平一	能结合具体情境和题目理解"加减乘除"四则运算的意义，如关于运算顺序的两个基本法则：有括号，先计算括号中的算式；没有括号，先乘除后加减。能掌握简单的运算方法，能正确计算简单的整数、小数和分数的四则运算题。知道并理解这种规定背后的合理性，如关于混合运算，能够理解"所有混合运算都是在讲述两个或两个以上的故事"
水平二	能对运算法则和运算律有合理的认识，能选择合理的运算方法，设计运算程序，解决稍微复杂的四则混合运算问题。能够在综合运用运算方法解决问题的过程中，体会程序思想的意义和作用。能理解各类运算之间的关系及发展，理解算理及运算法则之间的关系，如知道四则运算都是源于加法，理解减法是加法的逆运算，自然数集合的乘法是加法的简便运算，除法是乘法的逆运算
水平三	能准确解读四则运算的意义、法则、算理及运算律等相关内容，在具体情境中，能把问题转化为运算问题，确定运算对象，明确运算方向。能够用程序化的思想理解和表达问题。能在解决问题的过程中尝试用不同的运算方案，做到灵活变换，并能选择合适的运算方案解决问题

二、表现性评价的策略与方法

在评价学生数学学业进步的过程中，除了可以利用成熟的发展水平测试量表和相应的笔试以外，教师的观察、访谈和记录都是重要的工具。

（一）观察法

在数学学习过程中，有些层面可以用观察法，比如学生对数学的热情、对数学的态度、对数学的好奇心和求知欲等。观察的目的，在于了解学生完成一项任务或解决问题的过程，收集那些靠其他评价方法不易得到的数据，以便检测学生的参与程度和达到的理解水平。斯滕马克（Ttenmark）关于观察维度的研究可以为我们所借鉴（见表 10–12）。

表 10–12　观察维度表

观察维度	子维度
数学概念	组织和解释数据；选择和应用合理的测量方法；解释相反的操作之间的联系；拓展和描述数字或集合模式；定期评估，使用可视化模型和可操作的材料显示数学概念；展示周长、面积、体积之间的关系；在实在的、具体的和抽象的概念之间建立联系
学习态度	行动之前先做计划，必要时修正计划；有毅力坚持做下去；积极投入，有效使用各种工具解释数学观点；运用证据支持数学参数；探索数学问题，完成任务；审查过程和结果
数学交流	与其他学生或者教师进行交流；讲解思考或者操作过程；向整个班级做一个有信心的报告；完整地、公正地呈现集体一致性；汇总和总结学生和自己小组的想法
小组合作	会把工作分配给组员；商定处理问题的方案；高效地利用时间；逐一记录结论；采用他人的想法和建议

在正式观察前，教师需要制订观察计划，征求学生意见，掌握系统的观察方法。比如写观察日记、制作观察表格或者掌握其他一些技术方法。观察时，要选择在自然状态下观察学生的行为、表情。看到学生有意义的行为时，马上用简短、客观的语言记录下来，建立一个速记系统。在适当的时候，可以问学生一些问题，记录下来他们的回答，以便更进一步了解学生的思路和想法。

（二）访谈法

对学生进行访谈是获取学生的想法和理解信息的重要途径，也是教师获得修正教学和提供切实可行补救措施的坚实基础。访谈可以是正式的或是非正式的、单独的或者小组形式的。在进行访谈前，教师需要做好问题提纲，提纲需要适合学生的数学水平，包括访谈的目的、问题的背景；鼓励学生阐明问题解决的思路，激发学生辨别问题的属性，让学生解释思考方式、扩展问题结构等。

为了解学生的思维过程，可以要求学生把解题思路以书面语言的形式写下来，这样对诊断学生产生错误的原因非常有益。

（三）学生数学档案袋的建立

档案袋是收集学生作业、作品，展现学生学习进度的文件资料的集装袋。目的在于从不同方面反映学生数学学习的情况，比如体现学生在一个阶段中内在概念、学习过程、技术以及态度方面的发展与成长。数学学习档案袋包含的内容可以是数学性格、数学理解力、数学推理能力、数学概念联结，小组合作能力、工具的使用、教师和家长交流等。斯滕马克总结了从以下几个维度进行档案袋的收集。❶

（1）数学性格。主要包括如下层面：积极性、好奇心、耐心、勇于冒险、灵活性、责任感、自信等。学生数学性格的表现包括：对数学学习记录的热情；制作彩色图片；以"另一方面……"或"如果……"开头的问题解决方案的写作手法；记录每周或每月中重要的问题或调查；在作业纸上记录问题的一系列解决方法；在日历上列出要做的工作；写数学日记等。

（2）数学理解力。数学理解力包括概念发展、问题解决技巧、交流能力、数学结构的领悟、问题或任务的解决决策。很多内容可以作为数学理解力的表现。例如，解释算法的原因；采用图形或者制表等方式对问题情境进行表征；定义假设，包括反例；制订数学学习计划表；描述解决方案的理由和变化策略；

---

❶ STENNARK J. Mathematics Assessment: Myths, Models, Good Questions and Practical Suggestions, Reston, VA: NCTM, 1991.

完成作品前有草稿演习。

（3）数学推理。数学推理可以表现为评估、数字感觉、数字运算、计算、测量、几何、空间知觉、统计和概率、分数和小数、图案识别等。具体地，以下内容可以作为数学推理的表现：调查报告；统计调查，附有图形的表示；概率实验的书面报告并附有实验设计理论；几何形状相关的开放式问题的回答；让学生解释 1/2 减去 1/3 的意义；统计问题的模式解决方案展示等。

（4）数学概念联结。数学概念联结主要是将数学思想和其他数学主题、数学课程或现实世界情境做联结。以下内容和活动可以用于数学概念联结的评价：写一个在其他课程中使用数学的例子，如社会科学课中的人口统计；让"学生"展示数学是如何应用到现实世界中的；解释自然现象；用坐标网格展示算术、代数学以及几何学的报告；学生构建的关于分数、小数、百分数的表格，并附上各种数字的示例；数学艺术项目；关于历史人物或对数学有贡献的人物的报告等。

（5）小组合作能力。小组合作能力主要表现为与其他学生在小组内合作和交流的能力。具体地，如下内容或活动可以作为小组合作能力的表现：任务设计和计划；小组论文，包括小组成员的分工；小组自我评价；关于小组问题解决和口头报告的录音或录像等。

（6）工具的使用。工具的使用包括：技术的整合——计算器和计算机等的使用；动手操作的能力。具体可以表现为：利用计算机生成问题的统计分析；在问题中对计算器的使用；制作图表来解决问题等。

（7）教师和家长的交流。教师和家长的交流包括家长对教学目标和价值的理解，以及对评价内容的理解。以下内容可以作为教师和家长交流的实现：一致性的报告；非正式评估表；对学生的访谈；教师或家长的评论；教师对学生作品的评价；学生在家长会期间向家长展示自己的档案袋等。

三、形成性评价

当评价活动中收集的学习材料能够应用到规范教与学的活动中，并且使得学生获得改进理解力和表现的方法时，这样的评价活动即称为形成性评价。[1] 相比总结性评价，形成性评价更加关注如何通过评价来提高学生的学习能力。泊莱克（Black）等认为，课堂评价实践在多大程度上是形成性的，就要看关于学生学习成就的数据是否被教师、学生和同伴提取、解释和使用，以作出有关下一步教学的决策，且这些决策可能比没有基于评价得到的数据更好或更可靠。[2]

形成性评价是在教学过程中进行的评价，与教学活动有着密切的关系，其目的是促进学生掌握学习目标，特别强调在形成性评价中要将评价得到的关于学生学情的信息应用于下一步教学，包括教和学两个方面。因此，形成性评价得到的信息并不局限于由教师来使用，学生也是评价信息的使用者。成功的课堂评价需要连续性地进行：当评价中收集的信息帮助学生改进自己的错误且能够指导未来的学习计划时。评价活动就变成了形成性评价。逐渐地，当形成性评价能够被学生理解，并且学生认为形成性评价是能够帮助他们改进学习的有效方法时，形成性评价将会更有力地进行。

教师对每堂课的关键收集：收集学习资料—提供反馈—改进学生学习能力—促进学生学习的反馈，需要一个清晰的思路：较好的反馈—较好的学习效果。欧弗斯太德（Ofsted）曾说过，有效的形成性评价是激发学生学习和提升学生能力水平的关键因素。并且，有效的形成性评价也与系统管理、积极推动和监控学生进步等分不开。在这样的环境下，评价也是判断学生成就的教学工

---

[1] FRENCH D. Resource Pack for Assessment for Learning in Mathematics.Leicester：The Mathematical [J]. Association，2006.

[2] BLACK P J，WILIAM D. Developing the theory of forma- tive assessment [J]. Educational Asscssment, Evaluation and Accountability，2009，21：5-31.

具。[1]教师最好将每天的课堂练习作为观察学生成长的材料，并让学生参与评价中去，让学生评价自己的强项和弱项。

根据威廉姆（Wiliam）等的观点，形成性评价围绕 3 个问题展开：学生要到哪里去？学生当前在哪里？怎样到达那里？[2]换句话说，这 3 个问题分别指的是测什么、怎么测以及怎么使用测评得到的信息来促进学习。

"学生要到哪里去"指的是学生需要达到什么样的学习目标或成功标准，这是教学要达到的具体目标。具体到数学教学中，可以在上课伊始就将教学目标写在黑板上，请学生理解并口头分享教学目标，提问学生能力范围内的问题，让学生意识到教学意图。教学目标必须明确而又具体。比如小学三年级数学中"两位数乘一位数"这节课，教师设计的教学目标之一是"结合'需要多少钱'的现实情境，经历计算两位数乘一位数的思考与交流的过程，理解两位数乘一位数的乘法意义，探索并掌握两位数乘一位数的口算方法，能正确计算，逐步使两位数乘一位数的计算方法合理、灵活。"教师在一开始的时候，就向学生呈现了这个目标，全班同学读一遍，并请一位学生用自己的话表述出来。

"学生当前在哪里"是关于学生当前对学习目标的掌握情况，可以通过设计和实施有效的评价任务或活动来发现学生当前的表现水平。仍以"两位数乘一位数"为例，在本课例中，学生需要用到一个重要的数学模型"点子图"，教师为了解学生关于"点子图"的认识程度，准确把握学生困难点和生长点，对三年级和四年级学生学习情况分别进行调研。调研结果显示：在计算 12×3 这个算式时，三年级大部分学生没有使用点子图的意识，对点子图的使用没有需求。即使提供点子图，学生应用点子图示拆分的方法也不够丰富。四年级学生已经学习过两位数乘一位数的口算内容，他们虽然能够借助乘法竖式和表格

---

[1] BLACK P J, WILIAM D. Developing the theory of forma-tive assessment [J]. Educational Assessment, Evaluation and Accountability, 2009, 21: 5-31.

[2] WILIAM D. What is assessment for learning [J]. Studies in Educational Evaluation, 2011, 37（1）: 3-14.

模型来计算，但在口算时仍有 35% 的学生出现拆分错误。为什么学生会出现这种问题？归根结底是因为学生对算理的理解不够透彻。综上可知，学生在学习两位数乘一位数口算时，需要借助直观模型搭建直观算法与抽象算理间的桥梁，进而深入理解算理。

"怎样到达那里"是关于怎样帮助学生缩小表现水平与学习目标之间的差距，从而提升学习。可以通过设计梯度的学习任务来实现。比如在计算 12×3 时，有的学生能够主动借助实物模型人民币直观理解乘法意义，尤其将 3 个 10 元和 3 个 2 元同时竖着放在一起时，学生很容易发现 3 个 12 元就是 3 个 10 元加上 3 个 2 元。人民币这个好工具将学生已有的生活经验外化，同时渗透了位值思想。除此之外，学生还能运用多种算式记录计算过程。算式记录方式主要有两种，第一种是运用乘法意义，将乘法转化成加法计算，通过不断累加，计算出结果（12+12+12）。第二种主要经历"先分后合"的过程，通过"拆分"，将两位数乘一位数口算内容转化成学过的表内乘法或者整十数乘一位数来计算（将 12 拆分为 10 和 2 或者 6 和 6、8 和 4 等）。学习能力较强的学生尝试利用点子图和表格的形式来表示 12×3。点子图相对实物模型人民币而言更为抽象，它是介于实物模型和抽象数字之间的小圆点。在用多种方法计算 12×3 时，学生还认识了表格这个新工具。它是对前面合理计算的进一步抽象，这种方法更侧重于记录过程，且记录方式清楚简洁，是笔算的初级模型。这 5 种方法难度逐渐增加，适合不同学生理解 12×3 的算理。

提问与反馈也是形成性评价的一种方式。口头反馈都是即刻的、有情境的、恰当的，因此，它具有适应性、促进性、通用性和激励性。一个深刻的提问通常就是一个好的策略，它可以是直接针对个人或小组进行，抑或是间接的。有效的提问可以促进学生深入地思考，教学时，教师不妨使用以下策略：①在让学生回答之前，尽量停顿一会儿，这会鼓励每位学生都去思考，包括那些通过不恰当的猜想得出错误答案的学生；②规定学生不需要举手回答，然后随机选择学生回答；③让学生写下自己的答案，并单个作答，要求写下答案是为了确保班上的每个人都进行了思考；④在学生作答之前，让学生两两一组或以小组形式进行头脑风暴。❶

反馈通常以提问更深入的问题形式出现，因为这可以帮学生再次思考，并能得到问题的多种解答方法，或者将问题联系到更熟悉的问题情境中去，可以以多种形式进行反馈。例如，在讲解"两位数乘一位数"这节课时，教师提出系列问题：请你利用手中的点子图，在上面圈一圈、画一画、写一写，表示出 12×3 的计算过程，并列算式记录你的想法。学生通过不同的圈画过程表示出了 12×3 的计算过程。这时教师适时追问：算式中 3×4 和 3×8 分别表示点子图的哪一部分（或其他不同拆分方法，如 3×6 和 3×6 等）？为什么这部分可以用 3×4（3×8）表示？学生会更加直观地体会到"先分后合"的计算过程，以及发现借助点子图，将新知识转化成学过的旧知识来解决问题的方法。学生在此感受到"好工具"点子图的价值，最终让算理逐步内化，形成多样的算法。

花时间构思有价值的问题是有必要的，这让学生意识到学习更多的是依靠于自己有条理的思考和对自己理解的讨论。威廉姆指出，内容丰富有意义的提问对学生的思维提高特别有用，在这个过程中，学生会暴露出自己的概念迷思。这样的问题不必在较难的主题中使用，但是所提问题需要具有一定程度的迷惑性、开放性以及能够揭示概念迷思的潜能。❷

四、人工智能背景下的数学教育评价

人工智能技术（ChatGenerative Pre-trained Transformer，ChatGPT）是以深

❶ 王兄.数学教育评价方法[M].上海：上海教育出版社，2018：44.

❷ WILIAM D. Formative Assesstnenl in Mathematics Purl 1：Rich Questioning' in Equals，1999，5（2）：15-18.

度学习和人类反馈强化学习等技术为基础，经过针对海量数据的预训练，能够根据用户指令，生成内容丰富、风格类人的自然语言文本的大型生成式人工智能语言模型。❶ChatGPT 一经问世便震惊世界，教育转型也将不可避免地围绕着以 ChatGPT 为代表的人工智能，人工智能赋能课堂教学研究正在如火如荼地展开。目前，人工智能应用较多的是对教师教学行为进行分析，为教学中生成的多元、动态化的数据记录提供保障。

人工智能实现了对每个学生的学习行为的实时监测。在数学课堂教学中，人工智能分析学生在数学课堂中的学习行为状态，对个别学生进行有效干预，提高学生在数学课堂中的专注度，辅助学生更好地掌握新的知识点。

人工智能有助于数学教学的整体评价。学生的认知基础与个人能力差异会导致班级学生对数学知识内容的掌握程度出现偏差，随着时间的推移，分化会更加严重。数学教师没有足够的精力和时间去分析、掌握所教班级每一位学生的数学学习情况，大数据系统能够全面地收集各种教育相关数据，多维度地进行深层次分析，建设精准管理、科学决策、多元评价以及人性化服务的教育管理系统，实时掌握学生预习进程以及课堂学习情况，有效地解决班级学生数学学习分化问题，为每位学生制订符合自己实际情况的数学学习计划，同时对预习、听课、作业、复习等进行精准化管理，促进数学教育改革与发展的重难点突破。

人工智能有助于实现个性化评价。《课标2022版》中增加了学业质量标准，分别对义务教育四个学段的数学学科学习后学生应当达到的学业成就表现进行了描述，如何在学业评价中体现学业质量要求是当前评价改革的一个难点。构建"大数据"系统，能够实时记录学生的数学成绩和学习进步情况。大数据技术不仅能够对数学考试分数、排名以及进步等易于获得的教育数据进行多方

---

❶ 蒲清平，向往.生成式人工智能：ChatGPT 的变革影响、风险挑战及应对策略[J].重庆大学学报（社会科学版），2023（3）：1-13.

位、深层次的收集，同时还包括整体练习时间、每道题单独解题时间、做作业时间段、思考时间等多种非结构化的教育数据，把碎片化、片面的数学教育评价转变为系统全面的整体性教育评价。比如，学生将完成的课后作业数据传输至人工智能平台，基于云计算、大数据等热点互联网技术建设的教育管理系统可以通过学生平时作业完成的情况、查询的知识点的内容等，利用云计算、大数据多维度地分析每个学生的教育数据，精准诊断出学生数学学习的疏漏与不足，向学生、家长端推送作业完成情况和学习支持资料包（包括习题微课、错题本及举一反三习题等）。个性化定制的学习资源可以让学生得到有针对性的反馈和指导。❶

❶ 唐旭，张远伟，张国强.基于智慧作业生态圈的作业 AI 自动批改探索与实践 [J].中国电化教育，2023（4）：115-121.

第十一章　差异型作业的设计与布置

作业是教学不可或缺的重要环节，发挥着承教启学的重要作用。学者吴也显将教学内容划分为课题系统、图像系统和作业系统三个部分，并强调"作业系统如果安排得好，对学生自学能力和实践能力的培养有很大的促进作用，同时也利于教师改进教学方法。""如果能将教材的作业统筹安排、贯穿于课内外的教学活动中，则不仅能增加教材的引导作用和实践的功能，还可以活跃课内外的教学，改变学生在学习上的形式主义倾向。"❶

一、差异作业的基本要素

目前关于作业有三种不同的认识，其一是基于凯洛夫教学认识论基础之上的文本性作业观，其二是基于杜威实验主义基础之上的活动作业观，其三则是多元价值糅合下的新型作业观。新型作业观强调知识的探究与体验式学习，凸显知识的内在价值，关注人的全面发展和生命价值，以学生身心的自由、和谐与全面发展为作业的终极目标。推崇作业生成性、多元化，彰显创意化，打破工厂化的课堂管理和大一统的作业评价方式，尊重个性差异，最大限度满足学生个性化学习需要。❷

---

❶ 吴也显. 教学论新编 [M]. 北京：教育科学出版社，1991：301.

❷ 张济州. 中小学作业观：特点、问题与走向 [J]. 课程·教材·教法，2013（7）：25-30.

（一）作业的目的与类型

设计的灵魂，反映设计者教育价值取向和课程改革的发展方向。设计者认为作业观决定着作业的内容和类型，"双减"背景下，强调作业的功能仅局限于"知识的巩固"和"技能的完善"，认为作业是对课堂教学的延伸，强调知识的绝对性、客观性、稳定性，是对已经过去的、静止的知识的检验认知显然是有失偏颇的，设计者认为作业既有巩固知识、形成能力的基本功能，还有延伸课程动态生长性的功能，体现情境性，不确定性，批判性和生态性，重在学生的参与、合作、探究、体验的价值导向逐渐昌兴。

作业设计的类型是照顾学生差异的重要手段和途径。当前中小学的作业类型主要有巩固知识技能类、解决实际问题类、培养学习兴趣类和沟通联络感情类等。巩固知识技能的作业类型包括书面作业、实践作业、听说作业和表演作业等。解决实际问题类作业主要以主题探讨、问题解决和项目研究形式呈现。这三种形式的典型特征是情境性、综合性、研究性和动态性，实际问题必然是在一定的情境下产生的，对学生的综合能力要求较高，强调把学生学过的、静态的、零散的知识与解决实际问题结合在一起，旨在提高学生的组织协调能力、设计规划能力、动手操作能力以及培养学生的创新精神。解决实际问题类作业需要充足的时间来完成，所以又被称为"长期性作业"。培养学习兴趣类作业针对低年级的学生或者对学习失去兴趣的学生设定。兴趣是最好的"老师"。为了培养学生对学习的兴趣，教师要尽可能设计趣味性较强的作业；沟通联络感情类作业意指学生与教师、学生与父母的情感交流。这类作业主要包括日记和记叙文，学生定期向教师呈交写有自己的思想、感受或者提出问题的日记。

随着对作业设计的重视，作业类型出现书面与活动、动手与动脑、独立与合作、巩固与创新以及"长"与"短"结合的多元化趋势，也就是说上述几种类型的作业并不是各自独立存在的，不同类型的作业可能会互相交叉，互相嵌套。实践中，教师应尽可能选择多种作业类型，确保学生的学习兴趣、学习品质和其他能力同步提高。

（二）作业的内容

照顾学生的差异，需要在作业内容上下功夫。而这恰恰是我们在过去的几十年里一直没有治愈的"顽疾"之一，大多数教师布置的作业内容都是舶来品，照搬资料，网上拼凑，数量够量，质量就谈不上了，由此折射出教师把作业看作课堂教学之外的辅助工具、割裂于课堂之外的陈旧观念。实际上，学生完成作业本身就是课堂教学的重要组成部分，是大课堂观指导下对课堂教学的延续，虽然学生完成作业的时间和空间未必还在教室里，但这种时间和空间的转换，正是我们教学的重要价值之一：促进学生主动学、持续学。学生在"教室之外"的时空中，可能更自由、更自主，综合分析能力的提升更有着力点。所以，作业内容与教学内容一样重要，需要研究，需要设计。

首先，作业"巩固、拓展、延伸"的基本功能不能摒弃，作业内容应与所学内容相关，作业内容应该辅助教学目标的达成，促进学生深入理解与运用所学内容。

其次，作业内容难易要有一定的梯度，分层作业是很好的尝试，比如分A、B、C三层作业，为了避免标签效应，教师在布置这些有梯度的作业时，需要做到"三不""三会"。

"三不"为：一不人为分层，教师不能指定或者命令哪些学生必须做A层，哪些学生必须做B层或者C层；二不层次歧视，对于选做C层的学生要与选做A层的学生一视同仁，鼓励与赞赏同样适合选C层作业的学生；三不慵懒懈怠，对于学有余力的学生要鼓励他们挑战难度较大的作业，勿要图省事快捷，选择容易在短时间内完成的作业。

"三会"为：一会创新作业。教师应对学习水平不同、学习风格不同、性格存在差异的学生布置不同的作业，比如开放型作业、应用型作业、阅读型作业、趣味型作业、跨学科整合型作业等，对学生有吸引力。二会推送作业。教师要会根据学情向学生推送适合的作业，如何在不伤害学生自尊的情况下，推荐给学生合适的作业，这是一种教学智慧。三会因人而异。不同学习水平的学生对作业的难度感受不一样，针对不会选择作业的学生，由教师提出作业要求和目标，与学生协商作业的难度、作业的数量、作业的时间控制以及达标的途径，允许学生因人而异，从各自的实际情况出发选择和完成作业，以达到规定的要求。

最后，作业的时间要科学合理。作业时间是相对科学的评估作业量的"度量单位"，是一个反映作业"量"与作业"质"的综合指标，也是被社会高度关注的作业敏感指标。❶由于作业时间与作业难度、作业习惯、学习动机、学习能力、家长要求等因素密切相关，所以同样的作业量，每个学生完成的时间是不一样的。教师在布置作业的时候，首先要预估班级大多数学生完成作业的时间；其次要研究班级内学习困难的学生完成的作业时间，如果他们完成的作业时间过长，则要相应降低难度或者减少作业数量；最后针对班级内学习优秀的学生，完成作业时间较短，需要为这些学生单独布置挑战性比较高的学习任务，比如解决问题、研究课题、实践操作或者项目研究等。我国要求"学校要确保小学一、二年级不布置家庭书面作业，可在校内适当安排巩固练习；小学三至六年级书面作业平均完成时间不超过 60 分钟，初中书面作业平均完成时间不超过 90 分钟。"❷

总而言之，教师设计的常态作业内容中，既包含与课程标准要求一致的内容、也包括作业难度、题型和题量以及作业时间，既彰显课程标准提出的理念，又要体现一定难度梯次和时间把控。

---

❶ 王月芬. 要正确理解和科学安排学生作业时间 [J]. 人民教育，2021（3）：22-25.

❷ 中共中央办公厅 国务院办公厅印发《关于进一步减轻义务教育阶段学生作业负担和校外培训负担的意见》[EB/OL].（2021-07-24）[2024-06-25].http://www.moe.gov.cn/jyb_xxgk/moe_1777/moe_1778/202107/t20210724_546576.html.

（三）作业的评价

作业批改是指为了评估学生对所学内容的理解和运用情况，是对学生已经完成的作业进行评定的一种评价行为。不同的题型和不同作业类别需要适宜的评价和批改方法以及反馈措施。

反馈方式多样化。为了突出学生的主体地位，彰显新课程改革向内涵式均衡发展的结果，教师可把作业批改权还给学生，形式要多元。教师从多角度考虑，争取让所有学生都参与到批改作业中来。批改书面作业时，班级内学习水平中等的学生可以尝试批改优秀学生的作业，学习优秀学生的解题思路，提高中等学生的思维深度。学习困难的学生也可以尝试批改学习优秀或者中等水平的基础知识和技能，提高学困生对基础知识的认知，也容易使他们感受到教师的关怀与期望，体会到教师是平等对待学生的，从而促使他们更有信心地将数学学好，并发自内心地乐于钻研数学、喜欢数学。对于学优生，则可以安排主观题目的批改或者多种解法的题型的批改。评估实践作业时，则可以根据学生的优势，智能安排每个学生对已经完成的任务进行科学评估。

反馈内容有针对性。研究显示，教师对作业反馈的内容比较匮乏，教师和学生都习惯性关注学生作业结果的对与错，机械重复地画上"√"号"×"号。教师评语往往也十分简短平淡，即用"优 +""优""努力""良 -""阅"等字词来反馈学生的作业完成情况。这些评语包含的交流信息太少，而且缺乏教师感情投入，难以达到评语应有的教育效果。❶ 其实，作业上的评语是沟通师生感情的桥梁，通过评语，学生能够感受到老师对自己的关注，获得积极的心理暗示，帮助其认识自我。通过评语，学生能够知晓作业的优点和不足，获得针对性的反馈，精准认识到自己的问题所在，及时修正，深化学习的深度。

---

❶ 邱九凤，宋向妓 . 试析小学数学作业批改存在的问题及改进措施 [J]. 教育探索，2016（7）：45-48.

二、如何设计数学差异型作业

数学作业是数学教学的重要组成部分，作业是开放课堂的一个部分，是学生自主学习的重要形式，它不仅是上节课的复习巩固和延伸，而且往往成为新授课的准备和前奏，它不仅承担巩固知识发展能力的任务，而且要提升学生的情感态度，发展学生的全面素质。[1]有研究表明，在影响学业成绩的各种变量中，家庭作业是"易变的变量"，即家庭作业对学生成绩的影响差异很大。

近几年，随着教育改革的深入，教师对数学作业越来越重视，但是大多数教师布置的数学作业依然是"步调一致"，没有任何差异性。教学中，有些教师为了照顾优秀学生，选择一些成品作业册作为数学作业。但教师们忽略一点，这些成品作业册一般会包含较多的机械重复训练的习题，让数学优秀学生过度练习，很容易挫伤学生学习数学的积极性，占用学生自主思考问题的时间，这种现象在初中或者高中尤其不可取。教学中，有的教师布置了弹性作业，并让学生自我选择数学作业，看似尊重了学生的差异，培养学生自我管理能力，实则在没有培训学生自主选择作业的方法以及激发学生自我挑战的信心之前，这样的做法容易造成部分学生因为惰性心理，不愿意挑战有挑战性的数学作业。尤其是小学生，更应该在布置挑战性作业时，提前培养他们挑战有一定深度的作业的勇气和信心，同时让他们学会选择的方法。

数学作业的设计需要考虑以下几个方面的因素。

（一）作业应坚持共同的基本要求

对优秀学生的作业也要有基本要求，以保证学生对基础知识和基本技能的掌握。在小学、初中和高中，对学习优秀的学生强调基础知识、基本技能是课

---

❶ 华国栋.差异教学策略[M].北京：教育科学出版社，2006：198.

标的底线要求，在学生熟练掌握后才能适当有所提高。特别是小学低年级段，对学生的作业要求更是强调基础，教师可以根据课标的基本要求，确定作业的基本内容和数量。小学低年级应以课堂作业为主，少量课外作业旨在帮助学生联系生活实践，培养良好的学习习惯。

（二）要有适当的挑战性作业

小学高年级段、初中和高中优秀学生的作业则应加以适当的弹性。优秀的教师在布置作业时，都会对数学作业进行通盘的考虑，甚至有的教师会提前做一遍，做到心中有数。对作业要及时反馈，对于作业中出现的典型问题，安排适当时间做必要的讲评。对优秀的学生，可给他们布置一些扩大知识领域、思考性、技巧性较强的以及探索性质的作业。

案例：山东寿光剑桥学校多样化挑战性作业设计

山东寿光剑桥学校，在学生学完《全等三角形判定的探究》这节课后，设计了这样有趣又不乏挑战性的数学作业。

"如图 11-1 所示，现在要测量一透明封闭容器的深度（点 E），一名同学根据数学原理制作了一种测量工具——拐尺，其中 O 点为 AB 的中点，且 O 处有一小孔，$CA \perp AB$，$BD \perp AB$，$CA = BD$，聪明的你能利用这个拐尺来测量容器的深度 E 吗？"

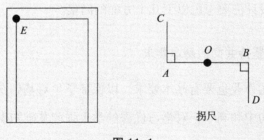

拐尺

图 11-1

同样是利用三角形全等判定定理，这个学校的教师又设计了一项作业。

"如图11-2所示，在抗日战争期间，为了炸毁与我军阵地隔河相望的日军碉堡，需要测出我军阵地到鬼子碉堡的距离。由于没有任何测量工具，我八路军战士为此绞尽脑汁，这时一位聪明的八路军战士想出了一个办法，为成功炸毁碉堡立了一功。你知道是什么办法吗？"

图 11-2

同学们的解题思路如下：

八路军战士面向碉堡的方向站好点 C，调整帽子，使视线通过帽檐（点 A）正好落在碉堡的底部 B；转过一个角度，保持刚才的姿势，这时视线落在了自己所在阵地的某一点 D 上；步行测量出 C 点与 D 点的距离，也即他到碉堡的距离。

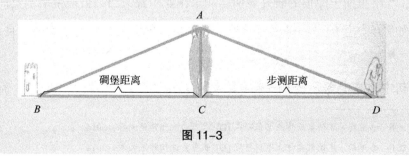

图 11-3

（三）作业内容与课堂教学相匹配

作业内容设计的基础在于课堂教学的重点和难点，在适当的环节可以联系高一级学段的相关内容进行设计。比如，在学习指数函数时，数学能力普通的学生，对指数函数达成的知识与技能目标主要有三点，掌握指数函数的概念、掌握指数函数的图像和性质、能初步利用指数函数的概念解决实际问题，在本节课中函数图像的平移变换问题并不是教材的重点。但对优秀的学生来说，图像变换是沟通不同函数关系的重要途径。所以，教师设计了以下三道习题：

（1）由 $y = 2x$ 的图像怎样得到 $y = 2^{x+2}$，$y = 2^{x+3}$，$y = 2^{x-4}$，$y = 2^{x-5}$ 的图像？

（2）为了得到 $y = 2^{x-3} - 1$ 的图像，只需把 $y = 2^x$ 的图＿＿＿＿＿＿＿＿＿＿。

（3）$y = 2^{x-2} + 4$ 的图像恒过点＿＿＿＿＿＿＿＿＿＿＿＿＿＿＿＿＿＿。

（四）严格控制作业量

美国家庭作业研究专家哈里斯·库伯（Harris Cooper）发现，学生完成家庭作业的时间与其学业成绩关联度是建立在学生年级水平的基础上的。如果高中生想保持学业成绩不断攀升，他们每天至少要做两个小时的家庭作业。每周做 7~12 小时家庭作业的初三学生，他们的家庭作业时间量与其学业成绩之间的相关性最强；其次是每周做 13~20 小时家庭作业的初三学生；而每周做多于 20 小时家庭作业的初三学生与每周做 1~3 小时家庭作业的初三学生其家庭作业时间与学业成绩相关性几乎相同。因此，初三学生的最佳作业量是每天 1.5~2.5 小时。[1]哈里斯·库伯的研究表明，如果作业布置失当，会产生诸多负面的影响，如影响学生的身心健康，导致学生创造力的缺失，助长学生的不良品行，等等。[2]

初中和高中优秀学生的数学作业需要引发学生思维发展的时间，需要为

---

[1] 车晓丹.哈里斯·库伯家庭作业思想研究 [D].长春：沈阳师范大学，2014.

[2] 车晓丹.哈里斯·库伯家庭作业思想研究 [D].长春：沈阳师范大学，2014.

他们设置能够让他们独立、深入思考的内容，预留出他们独立思考的时间。因此，在保证基础知识和技能的基础上，课外作业的时间不能占用更多的学生时间，一般情况下，绝大部分学生完成作业的时间每天控制在 40 分钟左右，尽可能不超过 1 小时。对量的控制，主要从这几方面把握：①尽量减少重复性的训练题；②限定题量，题的总量一般在 10 道左右，其中填空题 6~8 道，解答题 2~3 道；③多选侧重于思维的问题，少选需要大量繁琐运算的问题。❶

（五）作业要尽量有趣新颖

无论是小学生还是中学生，对事物保持强烈的好奇心是优秀学生普遍的特点，教师在设计作业时，根据学生的特点来设计作业形式和作业内容，既让学生感到有一定的挑战性，同时又引起他们的好奇心。例如，设计作业可以让学生用记叙的方法写出亲身经历数学某一内容的学习探究过程及学习体验，让学生用说明方法归纳出"梯形面积公式"的探究策略。❷ 比如，在学习烙饼问题后，教师可以给学生布置一份特别的作业，将烙饼问题说给家长听，说明白烙饼的步骤，再提问烙 1、2、3、4 个饼所需要的时间，倾听家长的答案并判断对错，正确的理由是否科学，错误的原因是什么？另外，可以请班级内优秀学生"坐诊"当数学"医生"，一旦数学门诊开诊，学生们就需要根据自己的角色完成一份探究性作业。"坐诊"的"医生"在诊断别人的问题、提出"诊治"建议后撰写一份"我的施诊记录"作业，对自己"施诊"过程中遇到的主要"病症"进行总结、分析，并提出自己的有效"抗病"策略。❸

作业题既可以从课本的配套习题册中选取，也可以自己改编一些竞赛题，

❶ 朱胜强 . 数学优秀生教育教学的实践探索 [J]. 数学教育学报，2019（2）：52-55.

❷ 宋广文，康红琴 . 教师布置作业的形式与学生学习关系的反思 [J]. 课程·教材·教法，2009（12）：35-40.

❸ 刘善娜 . 这样的数学作业有意思——小学数学探究性作业设计与实施 [M]. 北京：教育科学出版社，2017：55.

既有一定的挑战性，又有一定的趣味性，但是无论是从习题册中选取还是自己改编，都要尽量避免一上网就能搜到现成答案的作业题，以养成学生独立思考的习惯。

具体做法包含以下几个方面：①让学生组合一些涉及数学深刻思想和方法的习题；②让学生用数学模型或代数关系表达事物间的联系；③让学生解决一些和数学有关的综合的实践问题；④让学生解答对思维能力要求较高、思维巧妙的习题；⑤让学生用多种方法解决同一道数学题；⑥让学生用多种方法检验答案；⑦让学生分析自己解决数学问题的过程，总结规律，对自己的思路和解法做出评价；⑧学生自己编制有一定难度的数学作业题和数学考题；⑨运用统计分析开展调查，并将结果绘制成图等。

（六）及时反馈和评价

不仅作业的设计是一门学问，作业及时的批改和反馈也至关重要。为了及时批改作业，并给出正确的反馈评价，数学作业可以请同学互批，并给出标准答案，或者给出较为科学的问题解决方案。针对共性的问题，教师要及时介入讲解，答疑解惑。

案例：江苏宿迁市"小学数学探究性作业设计与实施" [1]

《义务教育课程方案（2022 年版）》修订原则中提出："要加强课程内容与学生经验、社会生活的联系，强化学科内知识整合，统筹与设计综合课程和跨学科主题学习。"跨学科探究性作业的设计，可以打通学科之间的壁垒、联通学科之间的脉络，提升学生综合运用学科思维的能力。

例如，江苏宿迁市实验小学的学生在学习"用方向和距离描述位置"

---

[1] 宋霞娟，王东平.思维可见的小学数学探究性作业设计与实施[J].教学与管理，2024（2）：64-67.

一课时，任课教师让学生学会利用方向和距离这两个参数，确定平面上一个点的位置，并描述简单的路线图。由此，在课后综合美术、地理等学科知识，设计跨学科探究性任务：

请你绘制一份从学校回家的路线示意图，注明方向和途中的主要参照物，并将路线图描述出来（可以利用互联网，查出你家附近的地图，以便更准确地描述）。

要求：①在路线图上标注清楚角度、距离、地点、名称，要求至少五个地点；②用文字准确描述往返路线；③可以选择购物路线、锻炼路线、旅游路线，可以是平时行走过的路线，也可以是虚拟路线，适当装饰美化。

探究性任务指向路线图的绘制与描述这一核心知识点。绘制路线图，用方向和位置确定位置；描述路线图，侧重于用数学语言，精确地描述位置与路线。

从学生作品中暴露出以下几点问题：一是图上方向与实际方向脱离；二是实际路线转换不准，脱离实际；三是个别同学描述路径时，语言还停留在口语表达，未能使用数学语言精确表达。由此可见，学生对如何运用方向和距离这两个参数来准确描述具体位置还不够熟练，有待进一步巩固和强化。

在探究性作业中，学生用数学的眼光观察现实世界，用智慧的头脑发现问题，用学科思维积极思考和解决问题，不仅激发了学生学习的热情，发展了学生的空间观念，展示了学生的创造智慧，锻炼了学生将数学知识应用于生活的能力，而且在绘制线路图和用语言表述的过程中，让学生的思维过程清晰可见。